中国地质调查"DD20160060"项目资助

特殊地质地貌区填图方法指南丛书

特殊地质地貌区区域地质调查方法

胡健民　陈　虹　于长春等　著

科学出版社

北　京

内 容 简 介

本书是《特殊地质地貌区填图方法指南丛书》的总论，分三个部分。第一部分总结梳理了特殊地质地貌区的概念、特殊地质地貌区地质填图工作背景、地质填图特点，以及我国晚新生代重大构造－沉积－古环境与古气候记录；第二部分简要介绍了第四系覆盖区、高山峡谷区、岩溶区区域地质调查（1：50000）技术方法；第三部分介绍了特殊地质地貌区地质填图主要技术方法，包括遥感、航空物探、物探与化探、钻探及岩石物性测量等。

本书可在特殊地质地貌区开展 1：50000 及其他比例尺区域地质调查工作时参考使用，也可以作为高校区域地质学、普通地质学等学科的教学参考书。

审图号：GS 京（2023）0540 号

图书在版编目（CIP）数据

特殊地质地貌区区域地质调查方法 / 胡健民等著 . —北京：科学出版社，2023.5

（特殊地质地貌区填图方法指南丛书）

ISBN 978-7-03-074447-0

Ⅰ . ①特…　Ⅱ . ①胡…　Ⅲ . ①区域地质调查—调查方法—中国　Ⅳ . ① P562

中国版本图书馆 CIP 数据核字 (2022) 第 254699 号

责任编辑：王　运　张梦雪 / 责任校对：何艳萍
责任印制：吴兆东 / 封面设计：铭轩堂

科学出版社 出版
北京东黄城根北街 16 号
邮政编码：100717
http://www.sciencep.com
北京中科印刷有限公司 印刷
科学出版社发行　各地新华书店经销

*

2023 年 5 月第　一　版　开本：787×1092　1/16
2023 年 5 月第一次印刷　印张：12 1/4
字数：300 000

定价：178.00元
（如有印装质量问题，我社负责调换）

本书主要作者名单

胡健民　陈　虹　于长春
喻劲松　宋殿兰　王红才
辜平阳　吕　勇　闫纪元

丛 书 序

目前，我国已基本完成陆域可测地区 1：20 万、1：25 万区域地质调查、重要经济区和成矿带 1：50000 区域地质调查，形成了一套完整的地质填图技术标准规范，为推进区域地质调查工作做出了历史性贡献。近年来，地质调查工作由传统的供给驱动型转变为需求驱动型，地质找矿、灾害防治、环境保护、工程建设等专业领域对地质填图成果的服务能力提出了新的要求。但是，利用传统的填图方法或借助传统交通工具难以开展地质调查的特殊地质地貌区（森林草原、戈壁荒漠、湿地沼泽、黄土覆盖区、新构造－活动构造发育区、岩溶区、高山峡谷、海岸带等）是矿产资源富集、自然环境脆弱、科学问题交汇、经济活动活跃的地区，调查研究程度相对较低，不能完全满足经济社会发展和生态文明建设的迫切需求。因此，在我国经济新常态下，区域地质调查领域、方式和方法的转变，正成为地质行业一项迫在眉睫的任务；同时，提高地质填图成果多尺度、多层次和多目标的服务能力，也是现代地质调查工作支撑服务国家重大发展战略和自然资源中心工作的必然要求。

在中国地质调查局基础调查部指导下，经过一年多的研究论证和精心部署，"特殊地区地质填图工程"于 2015 年正式启动，由中国地质科学院地质力学研究所组织实施。该工程的目标是本着精准服务的新理念、新职责、新目标，聚焦国家重大需求，革新区调填图思路，拓展我国区域地质调查领域；按照需求导向、目标导向，针对不同类型特殊地质地貌区的基本特征和分布区域，围绕国家重要能源资源接替基地、丝绸之路经济带、东部 T 型经济带（沿海经济带和长江经济带）等重大战略，在不同类型的特殊地区进行 1：50000地质填图试点，统筹部署地质调查工作，融合多学科、多手段，探索不同类型特殊地质地貌区填图技术方法，逐渐形成适合不同类型特殊地质地貌区填图工作指南与规范，引领我国区域地质调查工作由基岩裸露区向特殊地质地貌区转移，创新地质填图成果表达方式，探讨形成面对多目标的服务成果。该工程一方面在工作内容和服务对象上进行深度调整，从解决国家重大资源环境科学问题出发，加强资源、环境、重要经济区等综合地质调查，注重人类活动与地球系统之间的相互作用和相互影响，积极拓展服务领域；另一方面，全方位地融合现代科技手段，探索地质调查新模式，创新成果表达内容和方式，提高服务的质量和效率。

工程所设各试点项目由中国地质调查局大区地质调查中心、研究所及高等院校承担，经过 4 年的艰苦努力，特殊地区地质填图工程下设项目如期完成预设目标任务。在项目执行过程中同时开展多项中外合作填图项目，充分借鉴国外经验，探索出一套符合我国地质背景的特殊地区填图方法，促进填图质量稳步提升。《特殊地质地貌区填图方法指南丛书》是经全国相关领域著名专家和编辑委员会反复讨论和修改，在各试点项目调查和研究成果的基础上编写而成。全书分 10 册，内容包括戈壁荒漠覆盖区、长三角平原区、高山峡谷区、森林沼泽浅覆盖区、京津冀山前冲洪积平原区、南方强风化层覆盖区、岩溶区、黄土覆盖区、活动构造发育区等不同类型特殊地质地貌区 1∶50000 填图方法指南及特殊地质地貌区填图技术方法指南。每个分册主要阐述了在这种地质地貌区开展 1∶50000 地质填图的目标任务、工作流程、技术路线、技术方法及填图实践成果等，形成了一套特殊地质地貌区区域地质调查技术标准规范和填图技术方法体系。

这套丛书是在中国地质调查局基础调查部领导下，由中国地质科学院地质力学研究所组织实施，中国地质调查局有关直属单位、高等院校、地方地质调查机构的地调、科研与教学人员通过几年艰苦努力、探索总结完成的，对今后一段时间我国基础地质调查工作具有重要的指导意义和参考价值。在此，我向所有为这套丛书付出心血的人员表示衷心的祝贺！

李廷栋

2018 年 6 月 20 日

前　　言

按照中国地质调查局党组关于区域地质填图改革创新的要求，2014年中国地质调查局设立"特殊地质地貌区填图试点"计划项目，2015年设立"特殊地区地质填图工程"，并将原试点项目纳入该工程。"特殊地区地质填图工程"由地质力学研究所组织实施，2015～2018年的主要目标是探索总结适合于特殊地质地貌区区域地质调查的技术方法体系。参加填图试点的单位有中国地质科学院地质力学研究所，中国地质调查局西安、南京、武汉、天津及沈阳等地质调查中心，中国地质调查局自然资源航空物探遥感中心，北京探矿工程研究所，中国地质科学院地球物理地球化学勘查研究所，水文地质环境地质研究所，中国地质大学（武汉），长安大学，天津市地质调查研究院，江苏省地质调查院，黑龙江省区域地质调查所，广东省佛山地质局，河北省区域地质调查院，宁夏回族自治区地质调查院，陕西地矿区研院有限公司等。

经过4年的艰苦努力，特殊地区地质填图工程于2019年正式通过专家评审，完成填图试点工作量主要包括1：50000地质填图95.5幅，其中2幅被评为全国特优图幅、3幅被评为全国优秀图幅。

形成了以《覆盖区区域地质调查技术要求（1：50000）》（DD 2021—01）为核心的填图技术方法体系，总结完成了不同类型地质地貌区1：50000填图方法指南。例如，《特殊地质地貌区区域地质调查方法》《戈壁荒漠覆盖区1：50000填图方法指南》《长三角平原区1：50000填图方法指南》《高山峡谷区1：50000填图方法指南》《黄土覆盖区1：50000填图方法指南》《活动构造发育区1：50000填图方法指南》《京津冀山前冲洪积平原区1：50000填图方法指南》《森林沼泽浅覆盖区1：50000填图方法指南》《中国南方强风化层覆盖区1：50000填图方法指南》《岩溶区1：50000填图方法指南》等。

新的填图技术方法体系在以下方面取得新的进展。

（1）针对不同类型地质地貌区填图目标及我国区域地质调查工作现状，通过试点填图，以地质演化过程构筑填图思路，充分利用现代信息技术、现代探测技术，探索合适的填图方法组合，形成以覆盖区为核心内容的特殊地质地貌区填图技术方法体系。

新的填图技术方法体系体现了新时代国家生态文明建设对区域地质调查工作的要求，倡导绿色调查，目标导向、需求导向、问题导向，科学划分区域地质调查阶段，强调预研究与设计阶段在区域地质调查工作中的重要性；强调解决重大基础地质与重大资源、环境问题及重大应用问题；第一次明确提出以地球系统科学理论与板块构造理论指导区域地质调查，有效地将现代地质理论、地表地质调查与现代探测技术相结合，提出针对不同调查目标采用不同技术方法组合；在填图组织方式、填图技术方法及填图成果表达形式等方面取得了创新性成果，对引领未来我国区域地质调查工作具有重要意义。

（2）围绕重大地质问题、重大资源环境问题和重大应用目标构建顶层设计，结合大区域中小比例尺编图，设置专项调查与研究，确定区域性构造－沉积－古气候与古环境事件的地质标志，建立大区域新生代地层格架、构造格架，为覆盖区填图整体部署奠定基础。

通过近5年的野外地质调查，基本查明青藏高原东北缘与华北地区主要活动断裂的特征与活动性，对主要活动断裂进行了精确定位与精确定时，基本确定了重要活动断层的活动周期；在新资料的基础上编制完成了华北地区1∶250万活动构造图及华北地区主要活动构造带的1∶50万活动构造图，建立了华北地区活动构造格架；系统测制并研究了华北地区新生代地层剖面与标准钻岩心剖面，建立了新生代岩石地层、年代地层和磁性地层格架；对黄河中上游的阶地、古河道进行了详细调查与测年，确定了黄河演化过程。详细调查研究了黄河黑山峡—青铜峡段构造地貌演化过程、黄河晋陕峡谷段河流地貌演化过程、黄河河套段阶地发育与河道迁移、运城盆地晚新生代河湖系统的演化过程，以及青铜峡的构造地貌形成及峡谷打通的构造机制等重要问题，提出了新的关于黄河中上游演化发展的认识。

（3）立足新生代以来我国大陆受青藏高原隆升和太平洋板块俯冲制约的基本地质格局，聚焦晚新生代地表过程与环境变迁，发挥区域地质调查的面积性调查优势，揭示我国东部晚新生代以来重大地质事件与生态环境变化的耦合关系。

确定我国东部晚新生代以来发育3个重要不整合界面，时代分别为24Ma、9.8Ma和2.5Ma，其中24Ma不整合面只在汾渭地堑以东发育，华北地区主要受控于滨太平洋构造域。约9.8Ma和2.5Ma，青藏高原东北缘两期明显的沉积间断向东在华北地区逐渐减弱，青藏高原向东扩展影响到华北地区。基本确定晚更新世以来构造过程与生态环境演化的4个关键时限：约50ka，在青藏高原东北缘存在明显沉积间断，华北地区环境温暖湿润，生物繁盛；35～25ka间冰期，青藏高原东北缘沉积湖相地层，华北东部广泛海侵；约11ka，青藏高原东北缘现今地貌基本定型，华北东部发生海侵事件；约5ka，青藏高原东北缘沟谷体系发育一级阶地，华北东部全新世中期普遍发育湖沼相泥炭层。

（4）针对国家生态文明建设重大需求，拓展区域地质调查工作服务领域，创新成果表达方式，全方位服务于资源、环境调查。

发挥区域地质调查优势，充分利用现代地球探测技术与测年技术，对活动断裂进行精确定时、定位并进行活动周期研究。通过对贺兰山山前断裂和黄河断裂的地貌与古地震等方面的调查研究，确定全新世滑动速率为2～3mm/a，大地震间隔期为1500～2000a，提出黄河断裂是平罗8.0级地震的发震断裂，从而指出贺兰山山前断裂应该是银川地区近期地震地质灾害的预防重点；我国西部最大的生态移民扶贫区——宁夏红寺堡开发区位于毛乌素沙漠边缘，土地沙漠化十分严重，基本查明萨拉乌苏组三段的地表出露区是毛乌素沙漠沙漠化的源区；基本查明河北香河、大厂一带造成沙土液化的原因是全新世的古河道粉砂；基本查明全新世古河道的区域展布特征，为重大工程建设及预防地震灾害提供了基础地质图件。

（5）围绕重要经济区带，开展平原区填图技术方法组合及表达方式，为城市地下空间调查与利用奠定了基础。

分别建立了苏北盆地泰兴地区地表5m以浅、50m以浅及第四系三个层次的三维地质结构模型，为泰兴市和泰州市城市地质调查、资源环境承载力评价奠定了基础，也为城区规划红线划定提供了基础地质背景；根据地质条件、水文地质条件、地层岩性、热物性参数、施工条件及经济合理性综合评价区域浅层地温能开发利用的适宜性，对区域内城镇资源节约型和环境友好型社会目标的实现具有重大意义。

晚新生代地质构造与地貌调查长期以来缺少重要的基础性地质工作，自然资源管理体制改革要求地质工作提供全方位、全流程技术支撑，为重大资源环境问题提供地学解决方案，也为我国基础地质调查工作服务国家生态文明建设和生态环境保护带来了新的机遇。地球系统科学将大气圈、生物圈、岩石圈、地幔、地核作为一个系统，通过大跨度的学科交叉，构建晚新生代地球系统演变框架，理解当前正在发生的过程和机制，预测未来千年尺度、百年尺度的变化，是基础地质调查的重要理论基础，将对今后基础地质调查的工作部署、相关学科融合提供全新的思路发展路径。晚新生代是地质历史时期我国地质地貌格局、气候环境变化显著的时期之一，青藏高原的隆起和太平洋板块的俯冲，对这种变化产生了重要影响。地表作用过程实际上是地球不同圈层相互作用在表层系统所发生的一系列物理的、化学的和生物的作用，土壤与地表风化层是地表地质作用过程的综合结果，要重视土壤与地表风化层的调查，特别重视地球关键带的调查。针对地表作用与圈层相互关系的调查与研究，在今后以覆盖区为主的特殊地质地貌区区域地质调查中具有十分重要的科学意义和实际应用价值。

应该指出的是，还有很多工作需要完成，如进一步调研、梳理我国重要生态环境分区特征及晚新生代重大地质事件、重大资源环境问题，为特殊地质地貌区区域地质调查工作建立基本的构造－沉积－气候－环境框架，让区域地质调查水平再上新台阶；推广试点填图项目技术方法成果，开展并引领全国覆盖区1∶5万区域地质调查工作；进一步开展新技术、新方法填图试验研究，特别是探索智能地质填图方法，修改完善1∶5万覆盖区区域地质调查规范；进一步探索创新覆盖区区域地质调查工作方式、调查内容及成果表达形式等。

期待这一轮区域地质调查试点填图所形成的特殊地质地貌区填图技术方法体系在今后我国区域地质调查工作中发挥重要作用。

本书是中国地质调查局"特殊地区地质填图工程"所属"特殊地质地貌区填图试点（DD20160060）"的项目成果之一，工程与项目均由中国地质科学院地质力学研究所组织实施。工程首席为胡健民研究员，副首席为李振宏副研究员；项目负责人为胡健民研究员，副负责人为陈虹副研究员。本书是在试点项目下属子项目"特殊地质地貌区填图试点成果集成与填图技术方法总结"的成果基础上形成的。

在"特殊地区地质填图工程"及"特殊地质地貌区填图试点"项目执行过程中，得到各方面领导和专家的指导、帮助，在《特殊地质地貌区填图方法指南丛书》即将完成及本书完成之际，特别感谢中国地质调查局及局基础调查部领导的指导与支持，感谢工程及试点项目组织实施单位中国地质科学院地质力学研究所领导的指导与支持，感谢各试点项目参加单位的大力支持。特别感谢工程及试点项目长期跟踪专家刘士毅、于庆文、李荣社、张彦杰、张立东、赵小明、辛后田、李仰春、庄育勋、杜子图、蔡向民、王家兵、计文化、李建星、王永和、刘世伟等的指导和帮助！最后，我们特别感谢参加"特殊地区地质填图工程"及"特殊地质地貌区填图试点"项目的所有科研人员，这套丛书是大家共同努力的结果。

本书各章主要编写人如下：前言，胡健民；第一章，胡健民、陈虹、傅建利、闫纪元、公王斌、梁霞、刘晓波；第二章，胡健民、李振宏、施炜、王国灿、李向前、田世攀、张云强、李朝柱、卜建军、陈虹、钱程；第三章，辜平阳、陈锐明、庄玉军、查显锋；第四章，吕勇、潘明、山克强；第五章，于长春、吴成平、张迪硕、孙杰、乔春贵、杨雪；第六章，喻劲松、荆磊、王乔林、宋云涛；第七章，宋殿兰、渠洪杰、谭春亮、冉灵杰、卢猛；第八章，王红才、李阿伟、刘贵、赵卫华、乔二伟、马越；第九章，胡健民。

目　　录

第一章 绪 论

第一节 特殊地质地貌区地质填图背景

我国区域地质调查（简称区调）事业历经百年发展，为国家经济建设、社会进步和地质科学发展做出了卓越贡献（李金发，2019）。20 世纪 80 年代之前，不同比例尺的区调工作在找矿方面成绩显著，有力地支撑了我国工业的发展。同时，全国范围的 1：20 万区调也极大地带动了地质学科的快速发展，为我国区域地质研究奠定了坚实基础。

1999 年实施国土资源大调查以来，区域地质调查实现了我国陆域中比例尺地质填图全覆盖，初步建立了国家区域地质数据更新体系（刘凤山和庄育勋，2001；李金发，2019）。海域 1：100 万区调工作程度达到 40%，完成了首幅 1：25 万海洋区调试点；1：5 万区调共完成 262km²，占陆域面积的 27%，成矿带 1：5 万区调发现 1800 余处矿（化）点和矿化线索，其中 70 余处转入矿产勘查，总结了 19 个重要成矿带成矿地质背景，为找矿突破提供了有力支撑。区域地质调查工作主动服务国计民生，拓宽了服务领域，完成南水北调和大瑞铁路等重大工程建设区以及上海等 6 个大型城市的专题区调工作（程光华等，2013，2019）。2011 年青藏高原地质大调查成果获得了国家科技进步奖特等奖（潘桂棠等，2002；毛晓长，2006）。

然而，由于生态文明建设与保护成为新时期国家目标，国家对地质工作提出了新的要求，加之区域地质调查本身发展状况，以及国际上发达国家区域地质调查发展趋势（陈克强，1995；姜作勤，2008；胡道功等，2013；胡健民等，2017），我国区域地质调查工作必须向以大面积覆盖区为主的平原、盆地、草原、荒漠等地区拓展（陈克强，1995；胡健民等，2017）。以往涉及覆盖区的区域地质调查对第四系松散沉积层只是进行简单处理，对下伏基岩地质状况关注极少；除了一些油气资源、煤炭资源和极少量固体矿产资源外，对大部分覆盖区的资源、环境状况并不清楚；许多覆盖区本身处于成矿带上，而且是我国重要的含油气盆地，如东北森林草原覆盖区分布着大兴安岭成矿带、西部戈壁荒漠区分布着塔里木盆地和鄂尔多斯盆地等。

新时代的区域地质调查必须由传统的地表调查向深部三维调查拓展，并且要实现两个重要转移，即由原来的基岩裸露区调查向广袤的覆盖区转移、由地表调查向深部转移（Dong et al.，2013；董树文等，2014；胡健民，2016；胡健民等，2017）。在重要经济区带、重大工程建设区、整装勘查区及含油气盆地等区域部署三维地质调查，要充分融合多学科、多技术方法开展调查，实现地质图的三维表达（郁军建等，2015）；必须革新填图工作思路，逐渐转变为目标地质体调查部署工作，充分利用现代探测技术方法，包括高分辨率遥感影像解译、DEM（数字高程模型）数据处理，各种地球物理、地球化学探测技术方法，以及钻探技术等（刘士毅，2016；吴俊等，2016；喻劲松等，2016；尹艳广等，2017）；要适应大数据时代数字信息管理与应用，建立地质调查信息系统和数据库，全方位提升地质调查成果的服务能力（徐强，2002；廖崇高等，2003；张克信等，2007；张广宇等，2020）；尤其要充分融合不同学科理论和技术方法，由原来单一的基础地质调查向综合的、多目标的调查转化，推进并实现地质调查成果服务对象由原来单一的地质矿产专业和部门转向为整个社会多元目标服务。

我国的地质填图技术方法体系是在苏联地质填图技术方法体系的基础上建立、发展起来的，曾在我国社会经济建设中发挥重要作用。20 世纪 80 年代，中国地质调查局组织专家在试点填图的基础上，编写了适于当时地球科学发展水平的沉积岩区、变质岩区、花岗岩区和火山岩区填图方法指南（房立民，1991；高秉章等，1991；魏家庸等，1991；马金清等，2000）。

随着科学技术的发展和社会经济需求的变化，现行的地质填图技术方法体系难以满足现今地质填图工作的需要（杜子图等，2017）。而且由于我国区域地质调查将逐步从基岩出露区向森林草原、戈壁荒漠覆盖区及平原、盆地、海岸带推进，以及从东部中低山丘陵地区向西部高寒缺氧、深切割的艰险地区及黄土、岩溶等生态环境脆弱地区扩展，采用常规的野外地质观察研究方法难以获取完整、准确的地质信息，以往工作积累的地质填图经验和采用的方法技术不能全面指导这些地区的地质填图工作。

因此，探索新的地质填图运行机制和组织管理方式，特别是探索总结覆盖区的填图技术方法体系、扩大地质调查成果的服务方式，是当前适应国家经济发展新常态的迫切需求。

在这种新形势的背景下，2014 年中国地质调查局设立了"特殊地质地貌区填图试点"计划项目，旨在探索特殊地质地貌区填图技术方法。项目由中国地质科学院地质力学研究所组织实施，中国地质调查局直属单位、高等院校、省（市、区）地调院等多家单位参与。2015 年，中国地质调查局以"特殊地质地貌区填图试点"项目为核心项目，组织设立了"特殊地区地质填图工程"。该工程组织区域地质调查和研究国家骨干队伍，对我国森林草原、戈壁荒漠区、平原区、海岸带、岩溶区、艰险区以及厚风化层分布区等特殊地区开展地质填图试点和示范。该工程的实施目的在于揭示这些至今未被人们掌握的特殊地区地表至深部的地质和结构特征，并建立起新形势下地质填图的技术体系，为全面开展我国新的填图计划创造条件。该工程的部署在我国资源短缺、环境恶化等情况下显得极为迫切，工程开展的主要意义如下（胡健民，2016）：

（1）拓展我国区域地质调查与研究新领域，为国家经济社会可持续发展寻找和发现新的资源空间。逐步开展以覆盖区和深部地质特征为主要目标的重要经济区带的地质调查，为国家能源、矿产资源及地质环境发展需求提供基础地质支撑。

（2）实现我国基础地质调查多学科、多手段综合一体化的区调工作思路和方法，创新地质填图工作方法与理念，创新成果表达方式，提升我国基础地质调查成果面向国家经济建设、生态文明建设和社会服务的能力，保证我国区调工作继续处于世界先进水平。

（3）形成适合不同类型地质地貌区的填图工作指南，示范、引领全国特殊地质地貌区地质填图。完善不同类型地区三维地质调查技术指南和区调成果三维化技术流程。

（4）揭示并解决一些由特殊地质地貌等原因所造成的长期未被人们认识的重大地质科学问题，也包括资源短缺、环境恶化、二氧化碳贮存等方面的问题。

（5）形成产学研相结合、多学科多专业理论、方法和探测技术高度融合的特殊地区地质填图经验和与之相适应的管理模式，培养综合性创新型基础地质调查人才队伍。

工程分别在不同类型地质地貌区部署了试点填图。①戈壁荒漠覆盖区：东天山巴里坤地区、北山牛圈子地区、华北狼山地区；②森林沼泽浅覆盖区：黑龙江大兴安岭成矿带；③黄土覆盖区：甘肃庆阳和陕西千阳地区；④深覆盖区：长三角平原区、内蒙古河套盆地冲淤积平原区、京津冀冲洪积浅覆盖区；⑤高山峡谷区：西天山、西昆仑及中巴走廊带；⑥岩溶区：云南乌蒙山区；⑦强风化层覆盖区：广东罗定地区；⑧活动构造发育区：青藏高原东北缘宁夏青铜峡、红寺堡及同心地区。

经过几年的艰苦努力，已经形成了以地球系统科学理论为指导，以揭示晚新生代地表过程与圈层相互关系与服务国家生态文明建设为主要调查目标，以《覆盖区区域地质调查技术要求（1∶50000）》（DD 2021—01）为核心的特殊地质地貌区填图技术方法体系（王国灿等，2018；李向前等，2018；辜平阳等，2018；李朝柱等，2020；李振宏等，2020；张运强等，2020；田世攀等，2020；卜建军等，2020），创新了面向不同需求的区域地质调查成果表达方式。这些成果将引领我国特殊地质地貌区地质填图，为开展地表作用与系统演变基础地质调查打下了扎实的基础。

第二节 特殊地质地貌区的概念及类型划分

特殊地质地貌区指由于地表基岩被第四系松散沉积或其他风化堆积物大范围覆盖，或地形环境险恶，或岩性单一等原因，采用传统填图方法难于开展填图或者填图目标任务需要拓展的区域，是在地质、地理、地貌、植被等方面具有特殊景观特征的区域。

根据第四系松散层的厚度及现今的地质调查技术方法现状，将特殊地质地貌区分为覆盖区和基岩裸露区两大类。其中，覆盖区又分为浅覆盖区和深覆盖区；基岩裸露区分为高山峡谷区（也称为艰险区）和岩溶区。

覆盖区一般指第四系堆积物连续分布且覆盖面积占图幅面积50%以上的地区。通常将覆盖层厚度小于等于200m的称为浅覆盖区，大于200m的称为深覆盖区。覆盖层厚度小于3m的浅覆盖区又称超浅覆盖区。超浅覆盖区主要分布于森林、草场、山麓堆积、沙漠边缘风沙覆盖等地区；浅覆盖区主要分布于第四纪盆地边缘、山间盆地、河网汇聚地等地区，这些区域多为中小城市地区及大城市边缘。深覆盖区覆盖层厚度为 200 ～ 500m，厚度大于 500m 的深覆盖区又称为超深覆盖区，主要分布在第四纪盆地中心地区、黄土高原、沙漠、三角洲地区，这些区域一般是大或超大城市地区。

（1）深覆盖类：主要包括平原区、黄土区和盆地区。近海平原区以河海交互沉积结构为特点；河湖平原区以大面积河流冲泛平原和开阔湖泊沉积为特点；山前平原主要分布于巨型山系山前，以洪冲积扇体分布为主要特点。

（2）浅覆盖类：主要包括森林草原区、沼泽湿地区、戈壁荒漠区等，主要是晚新生代不同沉积环境下形成的松散沉积，通过适当揭露也可以揭示基岩地质特点。我国南方广东、广西、湖南、安徽等地分布着以红层沉积为主的强风化区，基本特点是化学风化强烈，形成不同程度风化层。

（3）基岩裸露类：主要包括高山峡谷区和岩溶区。高山峡谷区与岩溶区实际上是特殊的基岩裸露区，主要因为海拔高、切割深以及岩溶地貌发育等特点，按照一般的基岩区区域地质调查技术方法难以进行，而且地质图的用途也明显区别于一般基岩区地质图的用途，所以在本书中将它们归入特殊地质地貌区类型中。

（4）新构造与活动构造类：主要包括青藏高原周缘、鄂尔多斯盆地周缘、郯庐断裂带等新构造与活动构造发育地区。

第三节　特殊地质地貌区区域地质调查的基本特点

一、以地球系统科学理论和板块构造理论为指导

20 世纪 70 年代以前，我国区域地质调查遵循的地学理论基本上是地槽–地台理论，部分填图采用地质力学理论指导，因此在这个阶段完成的 1 ： 20 万地质图的最重要的特点是比较客观地描述了岩石、地层、构造、古生物及矿化的基本情况，并在此基础上探讨了地槽地台构造演化及构造变形的力学性质（杜子图等，2014；陈建强等，2018）。20 世纪 70 年代后期到 80 年代以来，板块构造理论指导区域地质调查，这个阶段区域地质调查工作主要是完成 1 ： 25 万地质图和基岩裸露区 1 ： 5 万地质图，特点是在岩石、地层、构造、古生物及矿产资源方面都从理论研究的角度有了明显的提升。如地层学除了描述地层的基本特征外，更注重沉积地层的沉积相、沉积环境或层序地层学研究与描述，更注重火成岩的岩石成因、岩相分布及构造背景。这个阶段地质图对于构造地质的描述包括两个方面，一方面是测区构造格架和构造变形序列及叠加变形研究；另一方面是大地构造演化历史探讨，恢复测区板块构造背景及具体的构造单元，它基本上是综合了岩石学、沉积学与沉积古地理学、构造地质学及古生物学等多方面的研究得出的对构造演化历史的认识（房立民，1991；高秉章等，1991；魏家庸等，1991）。古生物化石研究已经超脱了前一阶段

种属鉴定及地层时代的研究，而是更注重生物化石组合、古生态环境研究。

　　《区域地质调查技术要求（1：50000）》（DD 2019—01）和《覆盖区区域地质调查技术要求（1：50000）》（DD 2021—01）明确指出以地球系统科学理论和板块构造理论为指导，以不同圈层相互关系及生态环境调查作为区域地质调查工作的核心，特别是覆盖区区域地质调查更是区别于先前区域地质调查工作，明确提出在国家重要经济带及重要生态环境保护区，调查的重点就是第四纪松散沉积层的组成、结构、成因与分布等，查明第四纪沉积物记录的古气候、古环境信息，以推测未来环境变化。

二、现代信息技术的应用

　　新的填图技术方法充分地展示了现代科学技术特征，强调充分利用现代信息技术，区域地质调查由数字填图技术阶段逐渐发展到以大数据、人工智能为特征的智能填图阶段。因此，过去一个世纪所积累的各种基础地质调查、矿产资源调查、水文与工程地质调查、环境地质调查等和物探、化探、钻探、槽探等不同勘探技术调查资料以及现今不断更新的遥感与DEM资料等，都将为区域地质调查服务（廖崇高等，2003；刘士毅，2016；吴俊等，2016；喻劲松等，2016）。由于多年各类地质研究、勘查工作积累了大量的资料，新一轮区域地质调查工作已经不再是在空白区工作，所以从地质调查项目预研究阶段开始，就要充分利用信息技术，分析整理前人工作积累的海量资料，完成相关设计地质图。

三、现代地球探测技术应用

　　随着科学技术的进步，地球探测技术进步明显。主要表现在传统探测技术方法的探测范围、深度及探测精度的改进，以及一些新的探测技术方法的出现。如地球物理探测中深反射地震资料处理、浅层地震探测技术、宽频地震探测技术、音频大地电磁测深、地质雷达、瞬变电磁探测技术等（刘士毅，2016；孙凯，2018）。地球化学探测技术主要表现在测试精度越来越高、样品量需求越来越少、测试速度越来越快（喻劲松等，2016）。遥感探测技术主要是分辨率的提升，从原来的几十米到几米、几厘米，不同时间、空间及波谱分辨率的遥感影像的融合处理可以分辨出不同地质地貌条件下的地质体分布（孟鹏燕等，2016；辜平阳等，2018）。钻探技术的进步主要表现在几个方面：深部钻探、水平探测、浅层钻探和定向取样、松散层取样技术等。

四、填图阶段划分

　　现阶段施行的区域地质调查工作分三个阶段进行，即预研究与设计阶段、野外填图施工阶段和综合研究与成果编制阶段（图1-1）。

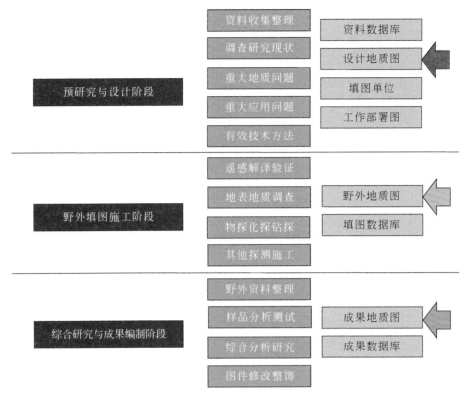

图 1-1 覆盖区区域地质调查工作阶段划分

预研究与设计阶段：组织人员队伍；对区域已有地质、地貌、矿产、水工环、遥感、物探、化探及钻探等资料进行收集、整理和处理，建立资料数据库；确定调查区内重要的地质、环境及应用问题；开展野外踏勘、试填图和技术方法试验，初步建立填图单位，选择针对不同地质调查目标的方法技术组合；编制设计地质图，并据此进行工作部署；完成设计编审。

野外填图施工阶段：开展野外地表地质地貌调查、相关环境地质调查及重要气候事件地质记录调查；物探、化探、钻探及槽探施工及其他新技术探测；野外调查与施工资料整理及综合研究；完成样品采集与分析测试；编制实际材料图与野外地质图；完成野外验收。

综合研究与成果编制阶段：开展室内资料综合整理、成果总结提升，完成区域地质调查报告编写、成果地质图编制、成果验收、原始资料及成果数据库验收与汇交、成果发布、成果出版等。

现代填图更强调预研究与设计阶段的重要性。经过几十年的工作，全国各地都有了一定的地质调查资料的积累，在填图之前必须要把现有的资料分析整理。大部分情况下，覆盖区填图在地表可以观察到的现象非常有限，必须充分利用已有资料形成高质量的设计地质图。在设计地质图的基础上部署各种工作，设计地质图的质量越高，所要安排的实际工作量越小。另外，现代地质填图明确提出需求驱动、问题导向、目标考核，必须充分利用预研究和设计阶段的工作，梳理提出调查区重大地质、资源、环境及生态问题，只有明确了这一点，工作部署才更有针对性。

第四节　我国晚新生代重大构造－沉积－古环境与古气候记录

　　新生代以来，东亚大陆的构造演化及现代地貌特征主要受两大地球动力系统所控制，西部印度－欧亚板块碰撞，高原快速隆升并向北东方向扩展，东部太平洋板块向欧亚大陆俯冲消减，并在东亚大陆东缘形成复杂的沟－弧－盆系统（Yin，2010；张培震等，2014）。两大构造系统作用奠定了晚新生代以来我国地质演化背景，导致地球深部和地表环境发生重大变革。总体表现为青藏高原隆升、东部岩石圈伸展减薄，最终塑造了现今的宏观地貌形态和水系格局。

一、我国西部晚新生代重大构造－沉积记录

（一）青藏高原构造运动及沉积记录

　　青藏高原隆升及重要的构造运动划分存在不同的方案（黄汲清，1945；任纪舜等，1999；葛肖虹等，2006；Tapponnier et al.，2001；李吉均等，2001）。

　　通过对各个地层分区的残留盆地类型、形成构造背景、各分区内的岩石地层序列及其沉积特征、地层接触关系、时代确定依据与沉积演化过程的描述，将青藏高原新生代的隆升及其沉积响应划分为三大阶段（图1-2）（张克信等，2010，2013）。

　　一是俯冲碰撞隆升阶段（65～34Ma）：① 65～56Ma，印度与欧亚板块初始碰撞，恒河前陆盆地和成都、塔里木压陷盆地形成；② 56～45Ma，印度与欧亚板块碰撞高峰期，高原北部柴达木－可可西里－羌塘压陷盆地和东北缘的兰州－西宁压陷盆地形成；③ 45～34Ma，约40Ma藏南新特提斯残留海消亡，印度与欧亚板块全面完成碰撞，高原东缘走滑拉分盆地初始发育。约40Ma以来喜马拉雅沉积缺失，标志着喜马拉雅初始隆升；约36Ma以来冈底斯带区域不整合面发育，标志着冈底斯初始隆升。

　　二是陆内汇聚挤压隆升阶段（34～13Ma）：① 34～25Ma，沿冈底斯分布日贡拉砾岩，是冈底斯持续隆升的产物，高原东北缘出现临夏－循化新的压陷盆地。② 25～20Ma，沿冈底斯带南缘广布大竹卡组砾岩。可可西里－沱沱河地区角度不整合面发育和盆地内的古近纪地层抬升变形，指示可可西里－沱沱河发生较大幅度隆升。约23Ma时塔里木海相沉积结束，高原及周边不整合面广布，标志着高原整体隆升。③ 20～13Ma，高原内及周边大型盆地全面发展，盆内发育持续湖侵充填序列，高原及周边出现最大湖泊扩张期；高原东缘走滑拉分盆地发育进入鼎盛期。

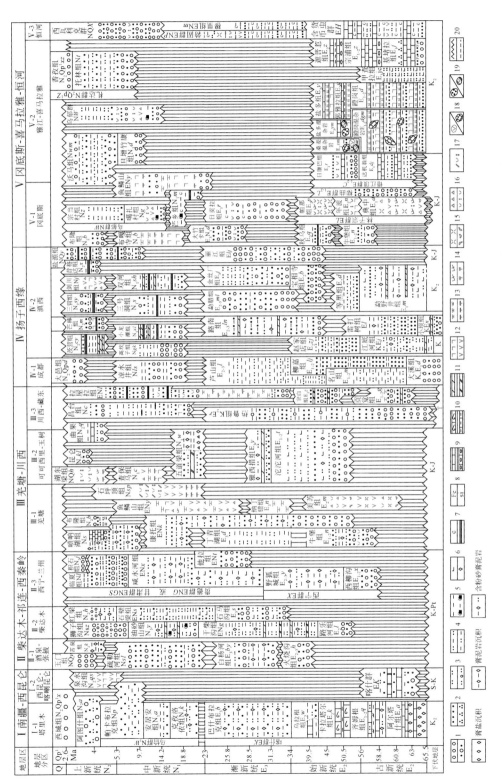

图1-2 青藏高原及邻区古近纪—新近纪地层分区、岩石地层序列及对比（张克信等，2010）

1. 砾岩(含砾砂岩)；2. 砂岩/石英砂岩；3. 粉砂岩(含砾粉砂岩)；4. 泥质粉砂岩/粉砂质泥岩；5. 泥质油页岩；6. 钙质/石膏；7. 碳质/煤；8. 铁质/硅质；9. 灰岩/灰质砾岩；10. 介壳灰岩/含灰质灰岩；11. 泥灰岩/含泥质白云岩；12. 玄武岩/安山岩；13. 粗面岩/粗安岩；14. 英安岩/白云母安山岩；15. 流纹岩；16. 火山角砾岩(凝灰岩)；17. 晶屑凝灰岩；18. 砂山岩块灰/灰质岩块；19. 砾岩岩块/硅质岩块；20. 角度不整合/平行不整合

三是陆内均衡调整隆升阶段（13Ma 至今）：13 ~ 5Ma，喜马拉雅－冈底斯隆升到相当高度，使该带因东西向伸展而导致南北向断陷盆地形成；约 8Ma 出现强的构造抬升剥露，8Ma 之后高原及邻区大型湖泊进入湖退期；5Ma 以来，高原整体隆升，高原内和周缘盆地沉积萎缩，约 3.5Ma 高原周缘堆积巨砾岩。

（二）晚新生代以来喜马拉雅运动分期划分

晚新生代构造事件与高原快速隆升、构造地貌形成和气候变化紧密相连，青藏运动和昆黄运动导致青藏高原快速隆升，由此塑造了现今的构造地貌格局。

喜马拉雅运动可分为青藏运动、昆黄运动和共和运动。其中青藏运动可划分为 A 幕（3.5Ma）、B 幕（2.6Ma）和 C 幕（1.7Ma）。其中，A 幕以高原内于 3.6Ma 前后开始一个旺盛的砾石层堆积为标志；B 幕以大邑砾岩开始堆积为标志（2.6 ~ 2.2Ma）（李吉均等，2001）；C 幕以河流开始强劲侵蚀为标志，恒河、印度河、长江、黄河中上游过渡带最高阶地砾石层年龄为 1.9 ~ 1.7Ma。昆黄运动（1 ~ 0.7Ma）则完成了青藏高原在更新世绝大部分的上升量，奠定了高原地貌的基本格局，并对周围大范围内的环境产生了深刻影响。共和运动（0.12Ma）为最新一期喜马拉雅运动，使黄河切穿龙羊峡进入共和盆地，亦有研究者认为黄河于该次运动期间贯通三门峡（王苏民等，2001）。

二、我国东部晚新生代重大构造－沉积记录

（一）东部山脉的隆升及平原地貌的形成

中国东部太行山、燕山等山体和黄淮海平原的地貌差异，是新生代以来构造演化的结果（张家声和徐杰，2002）。晚新生代以来，以渤海湾盆地为核心的东部诸多盆地进入热沉降阶段之后，受河湖相沉积物充填披覆，中国东部逐渐由盆－岭地貌转变为平原地貌，黄淮海平原逐步形成；与盆地沉降相对应的，则是以太行山、燕山、泰山、秦岭－大别山为主的构造山地的隆升以及层状地貌的形成（吴忱等，1999）。

热年代学的证据表明太行山自晚白垩世以来的幕式隆升，三个快速隆升阶段分别发生在晚白垩世、古新世—始新世和渐新世—中新世。活动断层、夷平面、河流阶地以及盆地沉积特征的综合对比也展现了太行山新生代的阶段性隆升（徐杰等，2001；马寅生等，2007；龚明权，2010；张蕾等，2013；张蒙和李鹏霄，2014；张哲和张军龙，2020）。除太行山外，黄淮海平原周边其他山脉，如燕山（吴忱等，1999；吴珍汉等，1999；吴珍汉和崔盛芹，2000；马寅生等，2000；吴中海和吴珍汉，2003；李越等，2009）、房山（陈祥高和张中奎，1983；陈祥高等，1986；翟鹏济等，2003；冯乾乾等，2018；陈子健，2019）、泰山（李理和钟大赉，2006）、沂蒙山（王振兰等，2008；唐智博等，2011）、秦岭－大别山（Grimmer et al.，2002；周祖翼等，2003；Hu et al.，2006；Ge et al.，2013），在新生代均表现出了与太行山相似的阶段性隆升。

太行山层状构造地貌代表的新生代幕式隆升，与渤海湾新生代阶段性沉降彼此对应，古近纪的隆升对应了渤海湾盆地的裂陷过程，导致太行山开始出现盆-山地貌差异，中新世隆升则对应了盆地的热沉降过程（侯贵廷等，2001；Cao et al.，2015；李庶波等，2015；Wu et al.，2019），奠定了现今太行山与东部平原之间地形差异的基础。盆地中裂陷和拗陷阶段形成的古近系和新近系，属于响应太行山当时的抬升、剥蚀-稳定、夷平过程的相关沉积；渤海湾盆地基底、古近系与新近系不整合面、新近系与第四系不整合面，分别对应太行山层状构造地貌中的北台面、甸子梁面和唐县面；现今的平原是新近纪以来在古近纪形成的盆-岭地貌上整体沉降而形成的（徐杰等，2001）。

（二）黄河的贯通及其对东部平原的影响

黄河通过切穿沿线各盆地之间的峡谷将上下游连接，尤其是三门峡的贯通，使得黄土高原侵蚀与黄淮海平原堆积相对应的统一的环境动力系统形成，黄土高原、黄淮海平原以及边缘海环境发生巨变（蒋复初和薛滨，1999），从此青藏高原、黄土高原、黄淮海平原以及黄海-渤海等边缘海，被纳入了统一的源-汇体系中。但对于黄河贯通三门峡的时代，目前研究仍存在分歧（表1-1）。

黄河贯通三门峡之后，携带大量黄土物质堆积于黄淮海平原，深刻影响了黄淮海平原的地形地貌、沉积过程以及地表形成过程（张磊等，2018）；也将沉积物输送到海洋，在河口建造黄河三角洲，形成中国东部海岸地貌，奠定了今日中国东部海陆分布格局（徐近之，1951；冯大奎和张光业，1988；王强等，2004；刘国纬，2011），三角洲的形成发展促使黄淮海平原不断扩展，海岸线不断外延；而在黄河改道进入废弃过程后，岸线则遭受侵蚀（叶青超，1989）。

（三）东部陆架的沉降与海陆格局的形成

中国东部陆架分布有渤海、黄海及东海一系列边缘海，这些边缘海的形成、演化及发育过程决定了中国东部海陆格局（秦蕴珊等，1989）。东部陆架地区闽浙隆起带及庙岛隆起的沉降，控制了黄海-渤海的形成，为中国东部大规模的海侵提供了条件，从而奠定了中国东部海陆格局（孙镇诚等，1997；刘国纬，2011）。同时还影响了大陆沉积物通过长江、黄河等河流向海域的输送，控制了其沉积范围，对中国东部的源-汇过程影响深远（秦蕴珊等，1989；Yi et al.，2014；Zhao et al.，2019）。

近年来在黄海和东海海域开展了大量的钻探工作，闽浙隆起带舟山群岛ESC-DZ1孔（Yi et al.，2014）、南黄海西部CSDP-1孔（Liu et al.，2018）、冲绳海槽U1428站位孔（Zhao et al.，2019）以及长江口PD孔（Chen et al.，2014；Yue et al.，2018）的研究，揭示了闽浙隆起带第四纪的沉降过程（表1-2）。与闽浙隆起带类似，位于山东半岛和辽东半岛之间的庙岛隆起，是分隔渤海和古黄海的天然屏障，其在第四纪的构造演化中控制了渤海从湖泊向海洋的转变（中国科学院海洋研究所海洋地质研究室，1986；Yi et al.，2015）。

表 1-1 黄河贯通三门峡的时代

研究对象		贯通时代	主要证据	参考文献
构造地貌	黄河扣马段河流阶地	> 1.165Ma	最高级阶地上 1.165Ma 开始堆积黄土	潘保田等（2005）
	黄河三门峡段河流阶地	3.63 ~ 1.24Ma	黄河三门峡段上新世夷平面之下发育 5 级河流阶地；夷平面以及最高级阶地的形成时代分别为 3.63Ma 和 1.24Ma	Hu 等（2017）
	三门峡段河流阶地及渭河盆地河湖相沉积	1.4 ~ 1.3Ma	三门峡最高级河流阶地之上和渭河盆地中具有黄河上游碎屑锆石年龄分布特征的沉积物分别出现于 1.3Ma 和 1.4Ma	Kong 等（2014）
沉积响应	三门峡盆地黄底沟剖面	0.15Ma	三门古湖 0.15Ma 结束湖相沉积	吴锡浩和王苏民（1998）；王苏民等（2001）
	邙山黄土	250 ~ 200ka	L2 以上粒度偏粗，沉积速率增大	Jiang 等（2007）
			利用磁化率和粒度重新标定了邙山黄土的时代，发现 S2 之后沉积速率及粒度发生明显变化	Zheng 等（2007）
		约 900ka	L9 黄土（约 900ka）中已经出现了黄河物源	Shang 等（2018）
	河南东部平原沉积物	0.78Ma	黄河冲积平原 B/M 界线[①]（0.78Ma）上下沉积物特征、孢粉特征以及重矿物组合明显不同	刘书丹等（1988）
	汾渭盆地与河南平原更新统介形类化石	1.0 ~ 0.78Ma	介形虫类化石组合特征在中更新世前后发生了明显变化	薛铎（1996）
	黄河三角洲石化 2 孔	早更新世	钻孔埋深223m处上下沉积物元素组成存在明显差异，其上与黄河接近，其下与黄河明显不同	杨守业等（2001）
	渤海湾西岸 G4 孔	1.6Ma	地球化学组成指示 1.6Ma 物源发生变化	杨吉龙等（2018）
	渤海 BH08 孔及南黄海 NHH01 孔	880ka	稀土元素和黏土矿物组成指示物源在 880ka 由近源小型山地河流为主，转变为以远源多组分的黄河沉积物为主	Yao 等（2017）
	南黄海西部 CSDP-1 孔	0.8Ma	黏土矿物和 Sr-Nd 同位素指示物源在 0.8Ma 由长江转为以黄河为主	Zhang 等（2019）
	渤海湾西岸 G2、G3 及 CK3	1.6 ~ 1.5Ma	G2、G3 及 CK3 中的碎屑锆石年龄谱在 1.6 ~ 1.5Ma 发生了明显变化	Xiao 等（2020）

① B/M 界线是指标准磁性地层年表中布容正向期（B）和松山反向期（M）的分界，时间是 0.78Ma。

表 1-2　钻孔揭露的闽浙隆起带和庙岛隆起的沉降过程

	研究地点／对象	主要观点	主要证据	参考文献
闽浙隆起	舟山群岛 ESC-DZ1 孔	约 2.0Ma 出现沉降；1.7～0.2Ma 间发生抬升；0.2Ma 之后彻底沉降	研究区位于闽浙隆起带之上。约 2.0Ma 出现海相层；1.7～0.2Ma 出现沉积间断；0.2Ma 之后为海陆交互沉积	Yi 等（2014）
	南黄海第四系地震层序学研究	闽浙隆起带对南黄海沉积环境和沉积地层发育的控制作用直到晚更新世距今 128ka 才终止	128ka 之前南黄海地区仅发育小规模海相层，对海平面波动的响应并不明显；128ka 之后，出现大规模海相层，南黄海形成的海相层才很好地响应了低频高振幅的海平面波动	杨继超（2014）
	南黄海西部 CSDP-1 孔	1.66Ma 出现小幅沉降；0.83Ma 进一步沉降	3.5～1.66Ma 以河流环境为主；1.66～0.83Ma 为潮坪－潮下带与河流环境的交替；0.83Ma 以来现代海洋环境逐步建立	Liu 等（2018）
	长江口 PD 孔	中更新世前后彻底沉降	早更新世物源发生扩张；中更新世物源再次发生变化	Chen 等（2014）
	冲绳海槽 U1428 站位孔	约 416ka 出现大规模沉降	钻孔中约 416ka 出现岩性变化	Zhao 等（2019）
庙岛隆起	莱州湾 Lz908	约 260ka 发生沉降；约 130ka 完全沉降	钻孔中约 260ka 湖相沉积结束，海相沉积开始；约 130ka 渤海发育为现今内陆架	Yi 等（2015）
	渤海 BH08 等多个钻孔	约 0.3Ma 出现沉降；0.1Ma 完全沉降	研究区约 3.7Ma 之前以河流相为主；3.7～0.3Ma 盆地稳定沉降，形成"渤海古湖"，其中 1.0Ma 高海面时期发育微弱海侵；0.3Ma 海相层出现，0.1Ma 之后大规模海侵出现	Yi 等（2016）
	黄河三角洲 YRD-1101 孔	0.83Ma 小幅沉降；MIS5 期大规模沉降	0.83Ma 出现微弱海侵；MIS5 早期出现强烈海侵	Liu 等（2016）

（四）长江中下游平原

与黄河贯通类似，长江的贯通形成之后，长江中下游平原的沉积环境有着明显的改变。在江汉盆地中，古近纪末渐新世构造类型和沉积环境发生了明显的改变。古近纪时期，江汉平原沉积了数千米厚的蒸发岩，表明当时的江汉平原属于内陆咸化盆地，不可能存在大型的贯穿型河流。至新近纪，江汉盆地沉积相以大型河流砂砾为主，并呈现出盖层状分布，覆盖了整个江汉-苏北盆地，表明在新近纪时期长江中下游的各个盆地被大河贯通。南京地区的"长江砾石层"沉积时代为早中新世甚至更老（郑洪波等，2017）。表明在渐新世时期，长江上游携带的沉积物就已经到达了下游地区。

三、新生代气候变化

（一）全球气候变化

新生代以来，全球气候从白垩纪时的稳定温暖阶段演变为总体趋势变冷、波动较大的气候环境，其间发生了多次气候事件。图 1-3 是新生代以来全球主要的气候、构造、生物事件及其对应的碳氧同位素记录（Zachos et al.，2001）。新生代全球主要的气候事件有古新世/始新世极热事件（PETM）、始新世/渐新世（E/O）转折与早渐新世冰盖扩张、晚渐新世增温与早中新世变冷、中中新世暖期（mid-miocene climate optimum）、中新世南极冰盖的扩张、亚洲季风的加强、晚中新世北极冰盖的形成、上新世暖期、上新世/更新世过渡期与北极冰盖的扩张。与这些气候事件相对应，新生代以来全球发生了多次重大的构造事件，如 55Ma 北大西洋的打开及火山喷发、34～30Ma 德雷克海峡和塔斯马尼亚—南极海道开通、青藏高原碰撞及青藏高原隆升、8Ma 印度尼西亚海道关闭、8～7Ma 白令海峡开通、3.6Ma 巴拿马地峡的关闭。

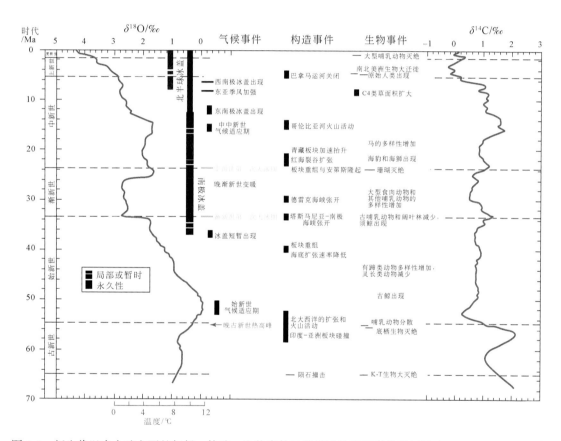

图 1-3　新生代以来全球主要的气候、构造、生物事件及其对应的碳氧同位素记录（Zachos et al.，2001）

第四纪极度不稳定的气候代替了之前缓慢、不规则的变冷过程，呈现明显的气候旋回和气候带迁移，这在深海氧同位素以及我国的黄土记录中均有非常好的体现。第四纪存在多次气候事件，如中更新世的气候转型事件、晚更新世的哈因里奇（Henrich）事件及丹斯伽阿德-厄施格尔旋回（D-O）事件、晚更新世与全新世之交的新仙女木（YD）事件、全新世的 8.2ka 与 4.2ka 事件以及人类进入文明以来的中世纪暖期和小冰河期。

晚新生代以来中国的气候变化与全球具有相似性，又有着自己的独特之处。相似性在于上述全球主要的气候事件在中国黄土、红土、石笋、湖相沉积物中均能发现相应的记录，独特之处则在于第四纪青藏高原的隆升，形成我国西高东低的地理格局，由此导致的海陆热力差异使得古季风形成，季风环流逐渐加强，东亚地区大气环流模式逐渐从古近纪的行星风系发展为与第四纪非常相似的现代季风环流，同时西北内陆干旱化加剧，也就是说，中国新生代以来气候格局发生了明显的变化。

郭正堂（2017）系统编制了新生代不同时期的古环境格局，对早渐新世、中渐新世、晚渐新世、早中新世、中中新世和晚中新世均分别制图。这些图件表明，与现今类似的季风－干旱格局在中新世早期就已经建立，而古近纪时期贯穿我国东西，包括现今江南地区的干旱带是行星季风副热带高压的影响所致，最南部的湿润区是热带季风影响的结果。

（二）北方黄土高原

晚新生代以来，中亚内陆的干旱化与季风共同作用使得风成物质在中国西北内陆堆积，黄土高原开始形成。黄土高原堆积的黄土－古土壤沉积物是中国西北地区的典型风成沉积物，沉积物分布范围广、厚度大，沉积连续、层序完整，精确记录了晚新生代以来的古气候环境信息，与深海氧同位素所解释的全球变化十分吻合。黄土与深海沉积物、极地冰芯并列被称为研究全球第四纪变化的三大支柱。

晚新生代以来黄土高原的风尘堆积可以分为三个部分，其中第四纪黄土（2.6～0Ma）在整个黄土高原均有分布，晚中新世—上新世的三趾马红土（8～2.6Ma）主要分布于六盘山以东的东部黄土高原，中新世—上新世的风成红土（22～3.5Ma）主要分布于六盘山以西的西部黄土高原，三者共同构成了从2200万年至今的连续序列。

晚中新世以来三趾马红土和第四纪黄土沉积记录了亚洲季风的三个演化阶段（图1-4）：9～8Ma，亚洲内陆干旱化加剧，印度及东亚季风开始；3.6～2.6Ma，东亚夏季风及冬季风加强，向北太平洋的风尘输送加剧；2.6Ma开始，印度及东亚夏季风变异性增强，强度减弱，东亚冬季风加强（An et al.，2001）。

（三）南方红土沉积

我国南方长江、珠江流域早-中更新世以来广泛发育的第四纪红土沉积物，是我国中、低纬度地区在第四纪季风气候影响下形成的特征沉积物。其底界年龄一般为1.2～0.7Ma，网纹层主要形成于1.2～0.4Ma，均质红土层形成于0.4～0.1Ma，顶部下蜀黄土年龄总体小于0.1Ma。红土分布、成因、来源及物理化学特征与新构造运动的发展、东亚季风系统的建立及第四纪全球变化的纬度效应有着潜在的耦合关系，是我国南方第四纪特别是更新世以来地球环境信息记录的重要载体，其记录的古气候、古环境信息可以与黄土进行横向对比。

长江上游成都平原中更新世网纹红土矿物学和地球化学特征变化指示了该平原自

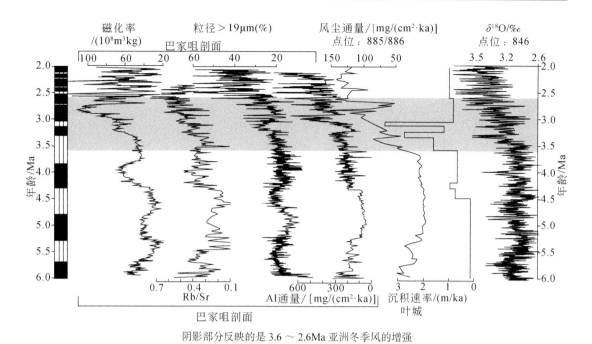

阴影部分反映的是 3.6 ～ 2.6Ma 亚洲冬季风的增强

图 1-4 晚中新世中国黄土高原风尘堆积记录及北太平洋深海沉积物记录（An et al., 2001）

1.2Ma 以来经历了逐步变冷和变干的过程,转变的时间点发生在约 1.0Ma、0.45Ma 和 0.1Ma,这些时间点与青藏高原的隆升事件（共和运动和昆黄运动）以及东亚季风的变化是一致的（Zhao et al., 2017）。下游宣城红土中的黏土矿物组合及含量变化所指示的气候旋回与深海氧同位素 MIS3—15 以及黄土高原黄土 S1—S7 层位十分吻合,反映了中更新世以来该地区气候环境演化与全球变化的一致性（Hong et al., 2010）。

（四）东部沿海晚第四纪大规模海侵事件

受中国东部陆架持续沉降以及全球海平面变化影响,中国东部沿海第四纪发生了多起海侵海退事件（图 1-5）。针对沿海第四纪海侵期次和海进海退过程,人们依据渤海湾西岸研究提出了多种海侵期次划分（表 1-3）（林景星,1977;赵松龄等,1978;杨子赓等,1978;王靖泰和汪品先,1980;汪品先等,1981;王强,1982;王强和李凤林,1983;王强等,1986;吴标云和李从先,1987）。

晚更新世 3 期海侵事件的年代多基于 ^{14}C、光释光（OSL）测年及磁性地层学工作。^{14}C 方法对全新世海侵定年结果较好（袁路朋等,2019）,但 MIS3 期 ^{14}C 表观年龄为 39 ～ 23ka,以及近年美国 BETA 实验室与北京大学考古文博学院年代学实验室测得的 43ka 等,已经接近了 ^{14}C 的最大测年范围（Grimmer et al., 2002）。

利用红外释光方法测得的第三海侵层年龄在（201±20）ka,第二海相层上部光释光年龄为 50 ～ 45ka,第一海相层时代则位于全新世,三次海侵事件分别对应于 MIS1、MIS5 和 MIS7 阶段（Li et al., 2019）。但对渤海湾地区海相层的研究表明,MIS3 期海侵可能并不存在（Li et al.，2019）。此事争议已久，矛盾集中在 MIS3 期区域与全球海平面变化之间的不一致。

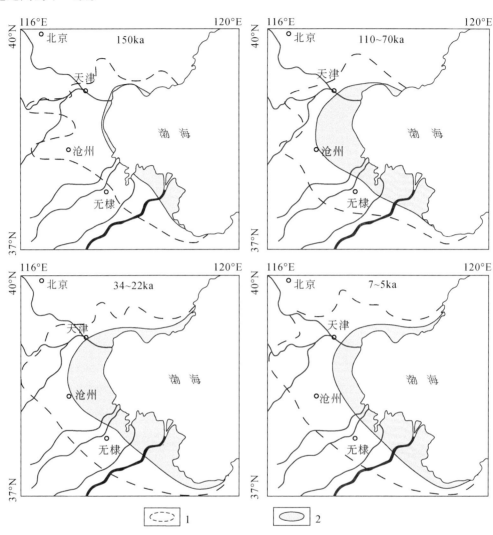

图 1-5　渤海西岸晚第四纪海侵影响范围及古海洋范围（王强等，2008）

1. 海侵影响范围；2. 古海洋范围

表 1-3　黄淮海平原沿海地区的海侵期次划分

地点	海侵期次及名称	参考文献
黄骅、沧州和保定等地	渤海海进（早更新世）、海兴海进（中更新世）、黄骅海进（晚更新世早期）、白洋淀海进（晚更新世早期）、沧州海进（晚更新世早期）、天津海进（全新世）	林景星（1977）
渤海湾西岸	沧州海侵（102～70ka）、献县海侵（39～23ka）和黄骅海侵（8～2ka）	赵松龄等（1978）
河北平原东部	海兴海进、黄骅海进、青县海进、沧西海进（40～20ka）、献县海进（8.5～5.5ka）、沧东海进（5～3.5ka）	杨子赓等（1978）
中国东部平原	星轮虫海侵（110～70ka）、假轮虫海侵（40～25ka）、卷转虫海侵（15～2ka）	王靖泰和汪品先（1980）

续表

地点	海侵期次及名称	参考文献
台湾海峡以北沿海平原	盘旋虫海侵（中更新世早期）、星轮虫海侵（晚更新世早期）、假轮虫海侵（晚更新世中期）、卷转虫海侵（全新世）	汪品先等（1981）
渤海西、南岸平原	早更新世（2.26Ma）、中更新世（约0.30Ma）、晚更新世（约0.10Ma），晚更新世（0.039～0.024ka）、全新世（<10ka）	王强（1982）；王强等（1986）
长江三角洲	如皋海侵（早更新世中期）、上海海侵（中更新世早期）、太湖海侵（晚更新世早期）、滆湖海侵（晚更新世晚期）、镇江海侵（全新世）	吴标云和李从先（1987）

四、我国新生代火山作用

新近纪是新生代中国东部火山活动的高潮期，华北西部张家口、围场、赤峰、集宁一带广义汉诺坝玄武岩形成分布面积达20000km²以上的熔岩台地，有碱性玄武岩与拉斑玄武岩复合产出；东部沿郯庐断裂带（鲁苏皖）及其北延的依兰-伊通断裂分布。第四纪火山活动远不如新近纪，仅集中分布于中国东北部。

新生代以来我国西部三大岩区的火山活动划分为3个时期：古新世—始新世（60～40Ma）仅限于西羌塘地区，以产出钠质基性火山岩为代表；渐新世—晚中新世（30～10Ma）喷发强度大，范围广，在西藏、甘肃和云南三地以钾质熔岩喷发为主（邓万明，2003）；中新世末至第四纪（<10Ma），集中产出在西藏东部、北部和云南的部分地区。

东南沿海雷琼及环北部湾地区分布着中国南方最大的一片第四纪火山岩，仅琼北火山区形体可辨的各种类型火山锥就有百余座。

第二章 覆盖区区域地质调查

第一节 覆盖区的概念及类型划分

第四纪松散沉积层大面积分布的覆盖区主要分布在我国西部的戈壁荒漠区、山间盆地区及黄土分布区等，东部的冲洪积平原区、冲淤积平原区、荒漠草原区、森林沼泽区，以及南方的红土壤分布区等（图 2-1）。

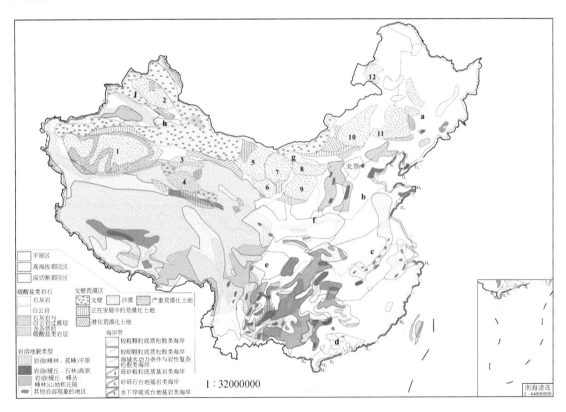

图 2-1　中国陆域主要地质地貌区分布

平原区：a. 三江平原；b. 华北平原；c. 长江中下游平原；d. 珠江三角洲平原；e. 成都平原；f. 关中平原（汾渭平原）；
g. 河套平原；h. 准噶尔平原；i. 吐鲁番平原。沙漠区：1. 塔克拉玛干沙漠；2. 古尔班通古特沙漠；3. 库姆塔格沙漠；4. 柴达木盆地沙漠；5. 巴丹吉林沙漠；6. 腾格里沙漠；7. 乌兰布和沙漠；8. 库布齐沙漠；9. 毛乌素沙漠；10. 浑善达克沙地；
11. 科尔沁沙地；12. 呼伦贝尔沙地

覆盖区指被松散沉积物广泛掩盖的地区，由松散沉积物形成的盖层称为覆盖层（胡健民等，2021）。以前区域地质调查中覆盖区的概念是指固结基岩被松散沉积物广泛掩盖的地区，松散沉积物称为覆盖层。前一种概念，调查关注的目标层主要是覆盖层，后一种概念关注的目标主要是覆盖层之下基岩地质与矿化特征。

未固结成岩的松散沉积物主要由不同松散沉积物类型（黏土、砂、砾石、卵石等）以及各种化学或生物沉积软泥等组成，如残积、坡积、残坡积、冲积、洪积、冲洪积、冰碛（冰川沉积和冰水沉积）、湖积、冲湖积、海积、冲海积、风积等松散堆积物（胡健民等，2021）。

按照覆盖层的厚度，可以划分为浅覆盖区（≤200m）和深覆盖区（>200m），厚度小于3m的浅覆盖区又称为超浅覆盖区，厚度大于500m的覆盖区又称为超深覆盖区。其中，将浅覆盖区与深覆盖区的界线确定为200m的主要原因是目前国家城市地下空间探测深度为200m。

不同类型覆盖区沉积不同的松散沉积物（图2-1），这些沉积物反映不同圈层相互作用的地表过程中构造、沉积、剥蚀及古气候信息。但是由于覆盖区主要是晚新生代以来的沉积物，地表沉积物产状近水平、组成比较单一、填图难度非常大（图2-2）。

a.戈壁荒漠区(甘肃敦煌地区)

b.西部湿地(四川诺尔盖湿地)

c.森林沼泽区(黑龙江大兴安岭地区)

d.戈壁荒漠区(新疆巴里坤地区)

e.草原荒漠区(内蒙古温牛特地区)

f.黄土覆盖区(陕西千阳)

图2-2　不同类型地质地貌区的地貌特征

第二节 覆盖区填图的目的任务

调查覆盖区内覆盖层和其下伏岩石、地层、构造、古生物以及其他地质要素的基本特征和地质结构,研究其形成环境和演化历史等基础地质问题,可以为国家自然资源综合管理、生态文明建设与生态环境保护、经济社会发展、能源资源保障以及地质科学研究等提供基础地质资料和科学依据,为自然资源综合调查、矿产勘查、水文地质、工程地质、环境与灾害地质、农业地质、城市地质调查服务,为国民经济建设各个部门提供公益性基础地质信息产品。

自然资源是人类能够从自然界获取以满足其需要与欲望的任何天然生成物及作用于其上的人类活动结果,也可认为是人类社会生活中来自自然界的初始投入(蔡运龙,2000)。自然资源概念具动态性,现在把环境质量和生态服务也视为自然资源,对资源的态度常常取决于经济地位和文化因素。自然资源与生态环境是同一客体的两个方面,本书所指自然资源包括矿产、能源、土地、湖泊、河流、湿地、森林、草原、海洋等。

第三节 覆盖区区域地质调查的指导思想、基本原则与特点

一、指导思想

2015 ～ 2018 年,中国地质调查局基础部依托"关键地质问题综合调查工程""特殊地区地质填图工程",组织开展基岩区与覆盖区区域地质填图和专题填图试点。2018 年12 月 13 日中国地质调查局印发《中国地质调查局关于深化区域地质调查改革的指导意见》,指出上述工作对我国区域地质调查工作具有深远的里程碑意义。"现代区域地质填图技术方法体系构建与示范"成果入选中国地质调查局 2018 年度地质科技十大进展。

《覆盖区区域地质调查技术要求(1 ∶ 50000)》(DD 2021—01)及先后完成的系列填图方法指南(王国灿等,2018;李向前等,2018;辜平阳等,2018;李朝柱等,2020;李振宏等,2020;张运强等,2020;田世攀等,2020)是这项成果的重要组成部分。经过试点填图基本确认,覆盖区区域地质调查工作的理论指导为地球系统科学理论与板块构造理论。地球系统科学是解决宜居地球问题的关键,地球深部过程、壳幔物质循环、圈层相互作用、圈层动力过程四个方面是地球系统科学中需要关注的科学前沿与研究方向(姚檀栋等,2018)。确定聚焦深部岩石圈结构及对浅层构造影响的多圈层交互作用、关键地质事件及资源环境效应、地表过程与环境变化等是覆盖区地质填图的核心任务。

以地球系统科学为指导,以地表地质调查和地球物理探测为基础,选择有效的遥感、

物探、化探等技术、方法，客观、全面、准确地反映地质体，提高覆盖区地质调查研究程度。地球系统科学就是将大气圈、生物圈、岩石圈、地幔、地核作为一个系统，通过大跨度的学科交叉，构建地球的演变框架，理解当今的演变过程，预测未来几百年的变化（侯增谦，2018；汪品先等，2018）。第四纪松散沉积和风化层是晚新生代圈层相互关系的直接地质记录和载体，因此覆盖区地质填图的直接目标就是认识并解读地球圈层相互作用过程，由此也确定了覆盖区区域地质调查的原则、内容，以及填图技术方法。

二、基本原则

（1）按照地质地貌单元完整性和地质条件的相似性划分片区，分析存在的地质、资源、环境、气候问题，进行总体规划、联片部署地质调查工作。

（2）根据地质条件、工作条件、研究程度、地质问题、服务对象等不同，对不同类型覆盖区的工作重点、工作内容、成果表达有所侧重和区别，并在设计书中加以明确。

（3）根据服务对象及调查内容需要，加强覆盖层三维地质结构、沉积序列、新构造－活动构造特征和隐伏基岩面地质结构调查，提交有关地质图及相关专题图件。

（4）充分利用已有的地质、遥感、物探、化探和钻探等资料，加强预研究工作，提高调查的针对性和解决问题的有效性，并遵循兼顾调查精度与经济适宜的原则布置揭露工程和物探工作。

（5）高度重视已有各类地质调查、研究和地质勘查资料的收集、分析、利用，在覆盖层较厚区域，以已有资料的分析利用为主，补充实施探测工程。

（6）对区内关键地质问题和重大应用需求开展专题调查研究，提高图幅地质研究水平和应用范围。

第四节 填图精度要求

一、地质剖面

覆盖区地质剖面包括实测地质剖面、地质－物探－钻探剖面、钻探联井地质剖面。

在覆盖层变形倾斜区测制实测地质剖面，比例尺根据地层发育情况确定，一般为1∶1000～1∶2000。在覆盖层近水平区测制垂直地层剖面，比例尺一般不应小于1∶500。

缺乏天然剖面的地区，应充分利用前人钻孔资料建立标准孔，必要时实施新标准孔，标准孔必须全取心且应系统采样进行测试分析。

覆盖层厚度小于15m的地区，主要采用槽型钻与浅钻钻探，结合地表沟堑、路线等天然露头，形成地质－钻探联合剖面，控制浅层及浅表层次松散沉积地层结构与分布。

覆盖层厚度大于15m、小于200m的地区，主要实施地质-物探-钻探联合地质剖面或者钻探联井地质剖面。一个地质地貌单元，一般应有贯穿全区的控制性地质-物探-钻探联合地质剖面或者钻探联井地质剖面，全面系统反映区域地质构造特征。钻探工作应在地球物理勘查工作基础上合理部署，地球物理勘探方法的选取需要兼顾控制地质格架和控制浅层结构。

覆盖层厚度大于200m、侧向延伸相对稳定的地段，每条剖面至少应有钻孔揭穿覆盖层到基岩，验证物探解释结果。覆盖层厚度大于500m时，一个地质地貌单元应有地质-物探-钻探综合剖面。第四系发育齐全、具有代表性的地段，应有标准孔揭穿第四系，系统采集各种样品并测试，开展地层综合研究。

二、填图单位划分

松散沉积物一般以岩石地层单位为基本填图单位，对于分布面积广、岩性稳定、具有区域对比意义的地层，划分至组一级正式填图单位；对具有特殊意义的地质体，可划分至非正式填图单位填绘在地质图上。无法用正式填图单位表达的地层可归并表达成成因类型+岩相+时代，成因类型依据沉积标志、地貌标志和古气候与古环境标志综合确定；岩性、岩相主要根据岩石或岩石组合和地层结构特征综合确定；地层时代依据地层古生物群组合特征、测年数据、地层磁性的极性时与极性亚时划分对比综合确定（图2-3）。

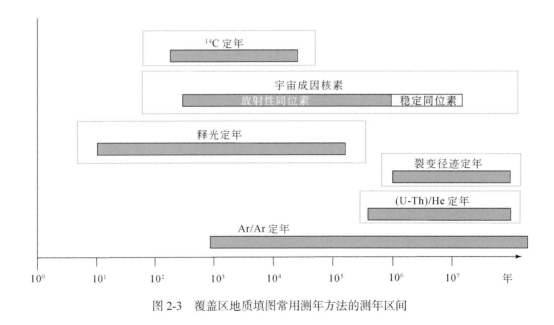

图2-3　覆盖区地质填图常用测年方法的测年区间

对有一定厚度和延伸的基岩岩石单元体或有特殊标志和物性的松散沉积体，如富含硫化物、碳酸盐、硫酸盐、铁磁性矿物、碳质岩石、软土层、液化砂土、古文化层等都应在填图上表示，厚度小于25m的，可放大表示。

第四纪火山岩的划分应考虑岩石地层、岩相,以利于恢复火山机构、编制火山岩相构造图。

三、地质路线与地质点

地表地质调查包括三方面内容:遥感解译地质、地貌边界的野外验证,地表沟堑、路堑及其他人工揭露的现场调查,槽型钻揭露。松散沉积物岩性、岩相相对复杂的冲积扇体叠置、河道变化频繁及活动构造发育区等更多需要利用槽型钻揭露。

遥感解译地质图的原始资料由遥感解译路线和遥感解译点组成。遥感解译路线的延伸可以采用追索式,也可以采用穿越式;遥感解译点为地质体分界点时,主要进行解译点两侧影像特征的描述,并注明地质体的可能归属;遥感解译点为断层解译点时,要详细描述断层影像特征、断层带宽度、断层两侧水系及其他微地貌错动特征。

覆盖层厚度小于15m的地区,浅钻揭露可以作为地质调查路线与地质调查点的有效勘探手段。只进行浅表层调查的区域,可以以槽型钻作为有效地质点的勘查手段。当覆盖层厚度大于15m时,以地质–物探–钻探剖面作为控制地质调查路线,钻探深度应揭穿第四系或达到地下空间探测最小深度200m。

覆盖层厚度大于200m的地区,每个地质地貌单元都应有标准孔揭穿第四系。

钻孔部署依基岩露头和地质复杂程度而定。路线控制钻孔部署原则:路线控制孔应在设计地质图及前期地表地质调查、遥感解译、物探、化探调查基础上部署;路线控制孔的部署应以确定、追索不同地质填图单位界线位置和性质为主要目标。在填图过程中,应尽量利用自然露头和人工露头,将主要钻孔工作量用于追索重要地质边界。

四、地质体标定

地表地质体标定直径大于200m的闭合体和长度大于500m的线状地质体。出露狭窄或面积较小但具有重大地质意义的特殊地质体、矿层、古文化遗址等均应放大到2mm标定,或者采用特殊符号标识。基岩残留露头不论大小都应标出,小露头扩大到2mm表示。

地表下地质体标定原则:松散沉积层一般应表达到组级地层单位;标准孔地层划分详细的区域需表达到段级地层单位及岩性层组。可采用柱状图辅助表达,也可采用三维结构方式表达等。特殊地质体(特殊沉积层、文化层、矿化层、含水层、隔水层、特定工程层,侵入岩及其他不规则堆积体等)采用非正式填图单位标定,厚度较小的特殊地质体,可扩大表示。

控制工程间地质体依据地质体的厚度和产状内插;工程控制边缘地质体依据地质体产状(即剖面)的自然延伸标定。

五、填图成果创新表达

新的区域地质填图技术方法体系中,成果表达是核心内容之一。它强调现代区域地质调查成果服务对象的多样化和多目标，不但服务于地质科学研究和地质找矿，也要服务于水文地质、工程地质勘察，以及城市规划建设、地质公园建设、科学普及等。已经完成的六大城市地质调查成功地建立了我国大型、特大型城市三维地质结构，查明了城市地下基础地质、水文地质结构、工程地质结构及地下空间资源（魏子新等，2010；程光华等，2013，2019）。长三角港口地区区域地质调查分三个层次建立三维地质结构，即地表浅层（3～7m）三维结构，主要查明表层土壤特征，服务于农业种植等；第四纪三维地质结构（0～200m），主要服务于城市建设及生态环境调查研究（李向前等，2016）；基岩地质结构，服务于地质科学研究。

第五节　覆盖区区域地质调查基本内容

一、覆盖层调查内容

覆盖区区域地质调查主要调查不同类型覆盖区的物质组成，以及各种地貌形态要素和组合地貌的相互关系，分析第四纪沉积物成分、成因类型与地貌及环境变化的关系，调查活动构造特征及动力学背景和地质灾害发育特征等。

根据第四纪沉积物的岩性、厚度、成因类型、接触关系和空间分布，确定覆盖层（在平原或大型盆地包括新近纪沉积物）填图单位，研究其地层层序、地质特征与变化规律。特殊岩性夹层，如古生物化石富集层、化学沉积层、古土壤层、泥炭层、砾石层、古文化层等，研究其地质构造与环境变化意义，确定地层对比标志层。古人类文化层及古人类遗址，探讨其地质背景与环境变化因素。

部署在城市和重要经济区带以及重要生态环境区的图幅，需开展覆盖层三维地质结构调查。

根据调查目的，采集必要的样品，进行黏土矿物与重矿物分析、粒度分析、化学成分分析、微体古生物（孢粉、介形虫类、有孔虫、轮藻等）鉴定、宏体古生物（脊椎动物、双壳类、腹足类、珊瑚等）鉴定、^{14}C 测年、光释光测年、古地磁测试等。

根据地层中古生物组合、年代学测定、地层磁性的极性时与极性亚时对比等方法确定地层地质时代，分析岩性、岩相、古生物、古气候等特征，了解古风化壳特征与类型，开展多重地层划分对比。

除此之外，覆盖区区域地质调查还应调查与新构造运动有关的地貌、水系和沉积物特征，查明新构造与活动构造的几何学、运动学特征，探讨其动力学机制。

活动断层是指地质挽近时期（一般指 10 万年以来）活动过、未来还将活动的断层（Yeats et al.，1997）。覆盖区构造变形记录主要是活动断层，有时可见活动褶皱构造（Lin et al.，2015）。因此覆盖区构造调查主要是调查活动断裂的分布、延伸、规模、产状、性质、活动性等基本特征,调查活动断裂的活动期次和活动时间、对松散沉积物的控制及古地震活动特征。

与地质灾害相关的一些外动力地质灾害现象也是覆盖区区域地质调查的主要内容之一，包括古地震、崩塌、滑坡、泥石流、地面塌陷、地面沉降、地裂缝、海岸地质灾害、水土流失及水土污染等主要地质灾害形成的地质背景。

调查覆盖层赋存的各类资源的地质背景与主要成矿条件，如地下水、泥炭、盐岩（硫酸盐、卤化物钾盐）、砂矿、黏土及吸附型矿产等，以及查明赋存层位、空间展布等。

最后，对区内具有观赏价值和重要科学意义的地质遗迹与地貌景观进行调查，提出保护和合理开发建议。

二、隐伏基岩调查内容

依据揭露工程、物探等资料，结合地表出露特征推断岩石、地层、构造的分布和相互关系，推断基岩顶面埋深，编绘基岩地质图，注意基岩顶面附近风化壳调查。

覆盖层厚度大的地区，要充分利用钻探、物探等资料，推断基岩顶面埋深和起伏变化，建立不同地质体和地质界面的解释标志，推断隐伏基岩地质构造特征、隐伏能源、矿产资源的地质背景及主要成矿条件。

三、不同类型覆盖区重点调查内容

不同的沉积环境形成不同的岩石地层组合，沉积环境与沉积相的发育与沉积作用过程中的地貌关系密切。现代沉积作用主要发生的陆相沉积环境包括河流环境、湖泊环境、冲积扇、干盐湖、冰川沉积、潟湖，海相沉积环境包括三角洲、海滩、潮坪、海岸／障壁岛、大陆架、大陆坡、砂脊等（图 2-4）（Jones，2015）。不同沉积环境会有次级环境的沉积，本书主要介绍常见陆相沉积环境下的地质填图调查内容。

（一）冲洪积扇区

山前冲洪积平原地质填图调查内容：

（1）冲洪积扇分布范围及垂向、纵横方向岩性的变化规律，重点调查组成冲洪积扇的第四纪堆积物的来源、结构、岩性特征，以及扇顶部到前缘的岩性变化。

（2）山区与冲洪积平原的接触区域，重点调查山前构造带的类型。

（3）冲洪积扇地层岩性、粒度、厚度、埋藏深度变化规律，寻找埋藏型冲洪积扇，空间交互关系。

（4）山前河谷阶地的地层结构、岩性特征、厚度。

河谷和山间盆地地质填图调查内容：

（1）山间河谷平原的阶地、河床、河漫滩和古河道的分布。

（2）山前冲洪积扇的形态、分布，含水层岩性、厚度及其变化，新老冲洪积扇的相互叠置关系与分布规律。

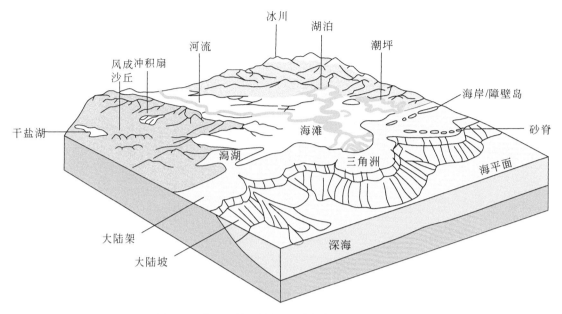

图 2-4　典型地貌区域沉积环境（Jones，2015）

（3）山间盆地的成因、分布范围、汇水面积、沉积物的岩性、成因类型。

（4）垄岗台地带第四系砂砾分布特点、变化规律；古近系、新近系松散砂砾石分布，切割较深的沟谷和泉水可能出露的前缘地带。

（5）新构造－活动构造性质和特征，近期地壳升降和断裂活动对第四纪沉积物分布的影响。

（二）河湖平原区

主要调查冲积、湖积、冰水堆积等第四纪不同成因堆积物的厚度、岩性特征、接触关系、形成时代、分布范围以及埋藏条件；古河道的分布范围、埋藏深度、岩性特征，水系与沉积物的关系；湖相及海相地层分布区地层含盐特征、变化规律，对地下咸淡水分布的影响等；研究湖积层形成的古地理环境。

（三）干旱大型内陆盆地

山前戈壁地带地质填图调查内容：主要调查山地与戈壁平原的接触关系，控盆构造（带）的性质、位置，盆地周边的地层岩性、地质构造、时代特征；查明隐伏断层对于松散层的影响；古河道及多期冲洪积扇的分布、接触关系；山前戈壁平原区第四纪沉积物岩性的水平与垂直变化规律。

沙漠盆地地质填图调查内容：主要调查风成沙丘的类型和动态变化；山前第四纪洪积扇的形成时代、期次划分，各期洪积扇的沉积相带划分；化学沉积物（膏盐等）的观察描述，系统观察其成分、分层、厚度、夹层情况等；第四纪古河道、古湖泊、古土壤和古风化壳、古风沙、古冰川、古人类活动遗迹等。

　　细粒土盆地地质填图调查内容：主要调查细土平原区地质结构、岩性岩相的变化规律及空间分布；绿洲带、盐沼带的分布及沉积物的关系；盐渍化土的分布范围、形成条件，分析其与地下水的关系；研究古沉积环境中稀有元素和盐矿、卤水形成的关系；绿洲退化、泉和坎儿井流量衰减、土地沙化等环境地质问题的历史、现状及演化趋势；地下水开发及其变化对生态环境的影响。

（四）黄土区

　　黄土丘陵区（梁、峁区）地质填图调查内容：主要调查梁峁形态、规模、高程变化，组成梁峁的黄土地层层序、时代、岩性、厚度，黄土区地层序列要严格按照黄土剖面沉积序列划分（图2-5），与下伏非黄土地层或基岩的接触关系；调查沟谷分布及形态，调查掌地、堋地的分布、规模、堆积物的厚度、岩性组成和汇水面积；探讨地方病与水环境关系。

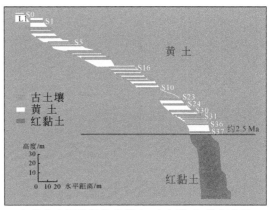

a.甘肃庆阳地区黄土剖面　　　　　　b.黄土高原晚新生代黄土-古土壤-红黏土序列
（李朝柱提供）　　　　　　　　　　（据李徐生修改）

图2-5　典型黄土沉积剖面

　　黄土塬区地质填图调查内容：主要调查台塬型黄土塬区的地貌形态，结合地质构造分析地貌的形成，研究构造地貌特征；调查塬间洼地、塬尾洼地分布、地貌形态、地质结构；研究组成塬体的第四纪地层层序、岩性、厚度，黄土的垂直节理、裂隙发育与贯通情况，黄土及古土壤层厚度及其组合特征；对界于山区与黄土塬之间的山前洪积扇裙，着重调查岩性、结构、分布范围、新老更迭关系、古沟道洪流部位、扇前洼地、扇间洼地、扇前古河道的分布等；研究岩相分带性，以及洪积扇与黄土塬、山区的接触关系。

　　黄土河谷地质填图调查内容：主要调查第四纪地层的岩性岩相、地貌形态，特别要详细调查阶地类型、阶地结构及中、微地貌（洪积扇、冲出锥、阶面变化、河床特征与变迁、古河道分布等）、河流水文特征，研究河谷形态与形成、发育历史与规律；研究河谷平原区的周边地质、地貌，尤其要注意调查研究构造形迹的力学性质、展布规律、继承活动对盆地形成与发展的控制作用；研究土壤盐渍化程度、分布、特征、形成的水文地质条件；

研究地下水、地表水污染状况和采取的防治措施。

（五）红土壤区

基于遥感影像资料的解译，开展红土壤区单体地貌和组合地貌形态调查，包括地貌几何形态、规模、空间分布、切割程度、相对高度和地形面坡度等，确定地貌形态类型；划分地貌成因类型、形成年代及演化序列、区域分布特征，对红土壤区地貌进行分区；进而调查地貌形态与岩性、构造、气候的关系及地质灾害、人类活动对地貌发育的影响。

主要调查第四纪沉积物的岩性、物质组成、厚度、成因类型、接触关系和空间分布，以及整个覆盖层的地质特征与变化规律；查明第四纪地层主要沉积类型和划分标志，确定第四纪沉积物的相对地层层序和地质填图单位。

关于红土地层成因类型、形成时代及理化性质和发育过程的调查：详细调查红土的宏观特征、沉积厚度、沉积结构及分布的地貌部位，划分红土的类型，查明不同类型红土的分布特征，调查不同类型红土的母质（母岩岩性）、赋存状态和地质地貌背景，查明各类红土的空间展布规律。

选择典型剖面或沉积地层序列进行详细的理化性质调查和发育过程分析，主要包括：确定各类红土的形成时代，建立红土的年代地层序列；各类红土沉积序列的元素地球化学组成、磁化率及磁性矿物特征、氧化物含量、pH 值、黏土矿物、显微结构、粒度指标等理化性质的调查；红土发育过程的调查，主要是对红土物源的分析和元素地球化学指示的风化成壤阶段的探讨等（图 2-6）。

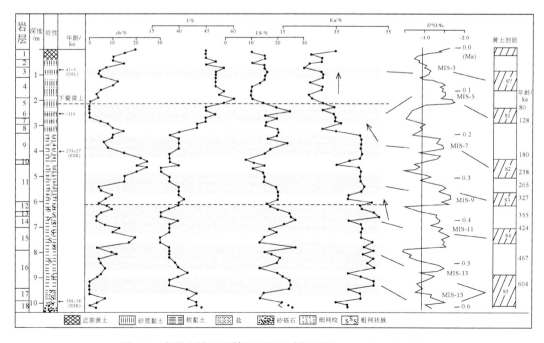

图 2-6　安徽宣城地区第四纪红土剖面（Hong et al.，2010）

OSL 代表光释光测年；ESR 代表电子自旋共振测年

生态环境演变过程的调查：古气候古环境演变记录调查主要是结合年代地层序列，通过对不同类型红土典型剖面的粒度、沉积组构等沉积学的调查，基于生态指标（孢粉、植硅体）及元素地球化学分析等生物地层学和气候地层学调查，建立第四纪古气候和古环境演变过程，提取重大气候变化发生的时间，进而通过区域对比，探讨第四纪期间古气候和古环境演变的规律；现代生态环境演变过程调查主要是通过分析不同时空分辨率遥感影像，对土地类型、植被、土壤侵蚀等因子的变化进行分析，结合地表地质调查，查明工作区不同地貌分区生态环境演变的过程和主要影响因素。

红土分布区生态系统、地质环境演变与人类活动的关系调查：查明主要地质灾害发生的地貌部位、地层、坡度、植被等地质地貌背景；重点调查灾害易发区和主要灾害点的红土类型及人类活动的影响，分析地质灾害发生的规律，探讨成灾机理和主控因素；查明采矿活动对地表生态环境的影响；调查红土区现代生态环境演变规律，对不同土地利用类型地表采集地球化学元素分析样品，探讨人类活动对肥力退化、土壤污染、生物退化等问题的影响。

（六）黑土壤区

黑土地是指腐殖质含量很高的土壤，形成于夏季温暖湿润、冬季严寒干燥的寒温带。世界上黑土区分布在乌克兰平原、密西西比平原、我国的东北平原、南美洲的潘帕斯草原，其中潘帕斯草原为亚热带红化黑土。我国黑土壤主要分布在黑龙江省、吉林省、辽宁省和内蒙古自治区。

基于 DEM 数据分析与遥感影像资料解译，划分基本地貌类型，调查各类地貌的基本形态、微地貌组合、展布规律与空间关系。

调查地貌形态与岩性、构造、气候、植被的关系，以及水蚀、风蚀、冻融侵蚀等作用与人类活动对地貌发育的影响，进而调查地貌的形成条件、区域分布与切割关系，确定地貌成因类型、时空展布与演化序列，尤其注意面状地貌的成因与演化调查。

调查各类地貌不同部位第四纪沉积物的岩性、物质组成、厚度、成因类型、接触关系和空间分布，确定第四纪沉积物的相对地层层序和地质填图单位。选择典型剖面或沉积地层序列开展黑土的成土母质、颜色、厚度、分层、结构、理化性质和植被景观调查，分析黑土的形成条件、发育程度与次生变化，确定黑土的土壤类型、形成时代与演化过程。

调查各类黑土表土、心土与母质的显微结构、孔隙度、粒度分布、颗粒矿物组成、黏土矿物组合、有机质含量、盐基饱和度、元素地球化学特征、氧化物含量、pH 值等理化性质。查明黑土分布区生态环境演变、地质环境演变与人类活动的关系，查明主要环境地质问题发生的地貌部位、地层、坡度、植被等地质地貌背景。

（七）滨海岸区

主要调查第四系成因类型、分布、地层结构与岩性岩相特征、厚度变化，重点调查陆相与海相或海陆交互相沉积关系，分析沉积相与地下水及其水质的关系；研究海水入侵范围、速率及潮汐对地下水的影响，分析其与地貌、岩相及新构造运动的关系；研究河口三角洲和海岸带砂砾、贝壳、珊瑚层等特殊地质意义地质体的分布范围、厚度、交互关系；研究地层含盐特征、变化规律，对地下咸淡水分布的影响等。

（八）冰川沉积区

冰碛物：调查冰川携带砂砾石等物质堆积形成的各种类型冰川的分布、组成、结构、厚度及时代等特征；调查不成层冰碛物组成、大小、磨圆度、砾石表面特征，以及堆积物结构特征；调查冰碛地形的分布、形态、组成、结构等特征。主要冰碛地形包括冰碛丘陵、侧碛堤、终碛堤、鼓丘等。

成层的冰积物：调查冰川与融冰之水共同沉积的成层堆积物的分布、组成、结构，沉积环境与沉积序列，以及冰川堆积物的时代等特征。冰水堆积物的主要类型有冰水沉积、冰水扇、外冲平原、冰水湖、季候泥、冰砾埠、冰砾埠阶地、锅穴、蛇形丘等。

（九）活动构造发育区

对不同时空分辨率、不同波谱分辨率卫星遥感影像数据及 DEM 数据进行处理，查明调查区地貌及水系不连续分布点、面，解译活动断层基本特征（位置、延伸），并根据地貌错断情况初步判断断层性质以及在不同微地貌错断距离所代表的断距；野外核查遥感解译地貌不连续点、面，查证遥感解译断层位置及断层性质和断距等；选择解译确定的断层点，利用天然和人工沟堑，或开挖探槽，详细描述断层活动期次及不同期次断层的断层面产状、擦痕产状与互相错动关系，并详细描述断层破碎带组成、结构。其中应特别注意松散沉积物对不同期次断层的压盖以及断层切割不同时代松散沉积物的关系。

采集断层带不同类型的构造岩样品，镜下描述断层岩组成、结构特征。

选择限定断层活动时代的松散沉积层、断层冲击脉、断层带充填沉积物等，采集^{14}C、光释光、U 系及宇宙核素等低温年代学样品，限定不同期次断层时代；选定不同地貌阶地面，采集 ^{14}C、光释光、U 系及宇宙核素等低温年代学样品，限定地貌阶地时代。不同测年方法测年区间见图 2-3。

四、不同服务对象的重点调查内容

1. 重要经济区和不同类型生态环境交错区的区域地质调查

主要目的是服务经济建设、生态环境保护和水工环地质调查，因此重点调查第四纪地层序列、地质结构与活动构造特征，主要内容如下：

调查第四系不同岩性层、岩性组合层的垂向叠置关系和横向变化规律，查明地层结构、层序、沉积特征；重视微相的划分，填绘山前冲洪积扇、河道（河床、边滩、心滩）、河漫滩（或称泛滥平原）（河漫滩、河漫湖、河漫沼泽）、堤岸（天然堤、决口扇）、牛轭湖、湖沼、三角洲、河口扇、海侵层，以及河流阶地等不同地貌单元或沉积微相的沉积物类型、时空分布和叠覆关系。

研究海岸带地区（古）现代海岸线地貌与物质组成；查明古生物礁体、贝壳堤等特殊标志层基本特征和海侵层的岩性与分布；研究确定海侵和海退的范围、规模和时代。

调查主要活动断裂分布、性质和活动性，并收集古地震、地震监测、地面变形监测等资料，分析对地质环境的影响，以及对地热等资源的控制作用；调查地质灾害分布和发育规模，分析地质灾害产生的基础地质背景；调查200m以浅的软土层、液化沙土等不良地质体的分布规律；以及调查人类地质作用现象，分析总结人类地质作用对现代地质过程的影响。

2. 重要盆地的区域地质调查

主要目的是服务油气、砂岩型铀矿、煤炭、含水层等调查，主要调查内容如下：

调查盆地充填序列和盆地构造地层格架和控盆构造特征，分析盆地沉积与山体隆升剥蚀关系；重建沉积盆地充填史和构造演化史，探讨与研究盆地各地质时期古地理格局；充分利用已有钻探和地震剖面资料，适当补充必要的钻探、物探工作，建立盆地构造地层格架，或根据需求建立覆盖层三维地质结构。

调查赋存盐类、铀、砂金、油气、地下水等资源的地质体的产状和分布特征，分析形成环境，研究该类资源的赋存规律及成藏地质背景。

3. 自然保护区内开展区域地质调查

依据自然保护区保护与开发的需求，增加调查内容。

4. 重要成矿区带的区域地质调查

服务于浅覆盖区地质找矿，重点调查覆盖层、隐伏基岩地质构造特征及其成矿地质背景，主要调查内容如下：

调查覆盖层中赋存矿产的分布、矿化特征与成因类型。

隐伏基岩与成矿有关的地层、岩浆岩、变质岩、构造及其与矿化蚀变的关系，查明或推断其空间分布和规模等特征，以及区域成矿地质背景和成矿地质条件。

五、专题研究

针对调查区及所在区域的关键基础地质问题、资源环境与古气候问题和重大应用需求，设置专题研究工作，具体内容应在调查项目设计书中明确。

专题研究包括调查区关键基础地质问题、区域性重大地质问题及古环境、古气候相关的基础地质问题、重大应用关键问题等。

第六节　典型覆盖区类型 1 ∶ 5 万区域地质调查方法简介

一、浅覆盖戈壁荒漠区

戈壁荒漠区指在干旱或极端干旱区受长期强烈风蚀或物理风化作用，地表由砾石覆盖的地势开阔荒漠景观区。戈壁荒漠区主要分布于东亚内陆地区，在我国主要分布于贺兰山以西，昆仑山、阿尔金山和祁连山以北。在行政区划上，我国戈壁荒漠区主要分布于内蒙古中西部、宁夏、甘肃（河西走廊）和新疆，总面积约 57 万 km^2，约占我国陆地面积的 6%，整体向西和向东延伸（图 2-1）。

浅覆盖戈壁荒漠区填图沿着地表地质调查—地球物理探测—钻孔验证相结合的工作思路开展工作（图 2-7）。以新疆板房沟地区地质填图试点项目为代表，瞄准覆盖层厚度及其空间变化（即基岩面的起伏状况）、地表第四系结构、重要区带第四系主要目标地质要素的三维地质结构（如主要含水层、隔水层三维延展，主要活动断层的三维形态等）、基岩面地质结构和盆山关系等主要问题，开展系统的地表地质调查—地球物理勘探—钻孔验

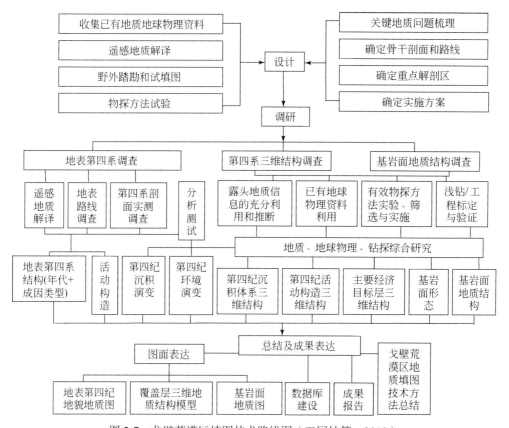

图 2-7　戈壁荒漠区填图技术路线图（王国灿等，2018）

证相结合的地质调查工作，其中地球物理勘探方法组合针对巴里坤盆地区覆盖区优选为：通过航空、地面磁法、区域重力和剖面大地电磁约束基岩面地质结构和基岩面起伏；通过高密度电法和浅层地震（主动源和噪声源相结合）面波频散分析，约束第四系覆盖层结构和第四系基岩面起伏。

在图面表达方面，采取平面二维和三维相结合的分层次综合表达方式，系统地反映填图成果。覆盖区地质填图涉及深部地质结构的表达，需要采取一维、二维、三维多种不同形式的成果表达方式。戈壁荒漠覆盖区成果地质图主要包括以下三方面。

（1）地表地质图：采用传统二维地质图件形式表达覆盖区地表第四系其他覆盖层地质实体分布、成因类型分布、活断层分布等以及露头区地层、构造、岩浆等地质结构。

（2）基岩面地质图：在综合地球物理、钻探、遥感以及地表露头资料推断的基础上，以二维平面图形式展示覆盖层沉积厚度变化及覆盖层下伏基岩面地质结构。主要表达内容包括覆盖层等厚线、基岩面主干构造（特别是主干断裂构造）、基岩面主体地层及岩性单元体。

（3）覆盖层重要目标地质要素的三维地质模型：根据系统的钻孔资料、水井揭露资料、自然边坡陡坎野外第四系地质调查资料以及地球物理调查所揭示的覆盖层地质结构信息，选择适当软件系统（GOCAD、GeoModeler、MapGIS K9），对可辨识的覆盖层主要目标地质要素进行三维地质结构建模。三维模型表达的主要内容包括：地形面数字高程模型、有资料控制的地下潜水面分布、有资料控制的主要区带的主要含水层和隔水层三维延展、切穿覆盖层的主要断层面的三维延展，其中，覆盖层下伏基岩面的三维形态通过覆盖层沉积等厚线与地形面数字高程之间进行转换，进而表达约束覆盖层的三维分布。

二、长三角平原区

长江三角洲的地貌格局是长时期以来内外营力综合作用的结果。作为内营力的地壳运动所产生的构造格架是该地区地貌发育的基础，它控制了山丘、平原、海洋、陆地分布的轮廓；作为外营力的流水、风化、海洋等作用，对表层物质不断进行风化剥蚀、侵蚀、搬运和堆积，从而形成现在地表的各种形态。

长江三角洲地貌格局的形成主要奠定于中生代末的燕山运动，以后经历了各种构造运动和长期的剥蚀夷平作用。总体地势呈现南高北低、西高东低。大致以仪征—镇江—宜兴一线以西地区及江阴南部环太湖地区组成宁镇扬丘陵区，其他地区组成广泛的平原地貌。全新世以来，中上游的大量沉积物在长江河口地区堆积形成长江三角洲。长江三角洲总面积约为 $5.2 \times 10^4 km^2$，包括 $2.3 \times 10^4 km^2$ 的三角洲平原和 $2.9 \times 10^4 km^2$ 的水下三角洲。依据地表第四系组成物的变化及地表高程的差异，可将其细分为里下河湖沼平原区、长江三角洲冲积平原区、太湖湖沼平原区、东部沿海平原区（图 2-8，表 2-1）。

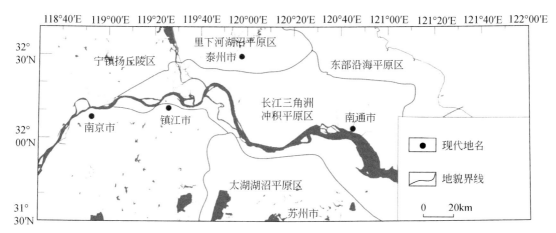

图 2-8　长江三角洲地貌略图

表 2-1　长江三角洲地区地貌类型划分表

成因类型	形态特征		绝对高度 /m	相对高度 /m
构造 - 剥蚀	低山、丘陵、残丘、孤峰、岗地等		≥ 10	≥ 10
堆积	冲积平原	长江三角洲冲积平原	5 ~ 10	3 ~ 8
		太湖湖沼平原	2 ~ 8	1 ~ 5
		东部沿海平原	1 ~ 5	1 ~ 3
		里下河湖沼平原	2 ~ 5	1 ~ 2

　　长江三角洲地区松散沉积物的类型主要是三角洲沉积与河湖相沉积，厚度为几米到几十米、几百米不等，区域地质调查的主要目标是建立第四纪沉积三维地质结构，为城市的建设与发展和研究重要海侵事件等所反映的环境变化规律服务。因此，需要分层次查明浅表层次、第四纪松散沉积层三维地质结构与基岩面地质结构（图 2-9）。

　　主要工作包括：①综合利用不同时相、不同传感器、不同空间分辨率的卫星遥感数据，重点解译区域地貌分布特征、河道、新构造活动、第四纪沉积物类型及分布、河道侵淤变化等；②采用槽型钻揭露 + 地表地形 + 遥感影像的方法填绘地表第四纪地质、地貌图；③运用浅层地震进行第四系分层、断层勘查等；④应用航磁、区域重力资料深入分析获取深部基底信息；⑤运用 GIS（地理信息系统）平台，分别建立地表、50m 以浅及第四纪三维结构模型，方便项目成果的转化利用；⑥通过钻孔地层剖面综合对比研究，了解区域纵向、横向第四纪沉积环境变化、区域岩相古地理特征，研究全球性气候、环境变化与区域沉积物内在关系。

　　长三角平原区区域地质调查成果的主要表达方式如下：

　　地表地质图：在长三角平原区，主图中主要表现地表沉积物的分布差异，是遥感解译与槽型钻揭露调查成果的综合体现。填图单元由岩相（成因类型）确定，地质界线包括岩

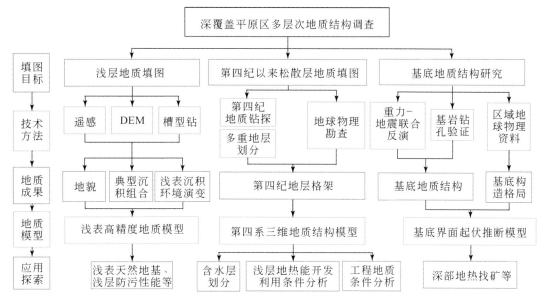

图 2-9　长三角平原区填图技术路线图（李向前等，2018）

性、岩相界线两类。由于客观地质体为不同岩性（或不同环境沉积）的松散沉积物，它们形成的地质时间短，小范围内岩性（岩相）差异大，在空间上为侧向及垂向叠置，其界线多埋于地下且难以追索，因而长三角平原区地质图中难以在平面上表现松散层的地层分布与接触关系，需要增加钻孔联合剖面图、岩相古地理图等系列图件来辅助阐明松散层时空分布特征。钻孔联合剖面是沿剖面线展示测区松散沉积物结构特征的成果图件，剖面纵向由机械钻孔资料控制，横向上结合测井与浅地震时间剖面分析松散层结构，同时运用长三角平原区沉积演化规律指导地层划分与岩性（岩相）划分。

岩相古地理图：在查明松散沉积物层序、岩相结构的基础上，结合年代地层的划分和钻孔联合剖面图（岩相横剖面图）建立区域沉积演化体系系列图件，为理论性、综合性和实用性很强的基础成果图件。

三维地质结构：分三个层次编制形成，即浅表三维地质结构、第四系三维地质结构和基底三维地质结构。

（1）浅表三维地质结构：浅表三维地质模型是对浅表第四纪地质调查成果的表达方式之一，丰富了传统的槽型钻孤立柱子＋地质图的表达方式。主要基于野外调查槽型钻的位置、沉积物分层深度及粒度等信息，生成三维空间属性点。同时，根据区域地质背景，建立研究区浅表标准分层，对槽型钻进行标准化分层，进而建立分层地质面，以分层地质面为分割面，生成各标准层位的三维格网模型，以三维空间属性点为插值属性控制点，基于离散光滑插值（DSI）算法，生成浅表三维岩性模型。

（2）第四系三维地质结构：基于建模数据的主要来源，建模方法分为钻孔建模、平行剖面建模、交叉剖面建模和多源数据交互建模。长三角平原区地层界面平缓，且钻孔资料较为丰富，因此应选用钻孔建模方法来构建测区的第四系三维地质模型。

（3）基底三维地质结构：深覆盖区揭露基岩的钻探资料少，以区域地球物理资料解译为主，结合钻探和浅震，对基底开展三维地质建模。长三角区基底一般反映古近纪及以前的地质信息。在分析深部岩石地层密度参数的基础上，结合地震勘查获取的地质界面顶、底特征，建立重力－地震联合反演剖面初始模型，结合钻孔揭露、以往资料以及地球物理测井，对初始模型中界面的分布位置及埋深加以修正，再通过测井测量的物性数据进行人机交互计算，获取剖面反演图，解释深部重大地质界面的位置及埋深。

三、森林沼泽浅覆盖区

森林沼泽浅覆盖区广泛分布于我国东北地区，涉及黑龙江省、内蒙古自治区、吉林省和辽宁省的大部分地区。多数属于山地地区，特别是大兴安岭、小兴安岭、长白山地区。第四纪以来，工作区一直处于内陆大陆性气候环境，广泛发育冰缘地貌。岩石以物理风化为主，岩石容易因冻胀作用发生碎裂，气候寒冷造成基岩风化产生的残坡积层形成冻结层，进而形成堆积层，有利于植被发育，以上因素大大降低了片流冲刷作用对残坡积物的影响，逐渐形成了浅覆盖层。

大兴安岭地区森林植被及沼泽湿地等覆盖严重，主要特点是覆盖层薄、覆盖层以原地半原地风化的残坡积为主、分布于重要成矿带。主要覆盖层为植被、腐殖土层、残积层、残坡积层、冲坡积层、冲洪积层、沼泽及融冻堆积层等，大多数呈上下叠置关系，多受植被、气候、地貌、地形、岩性等制约，但最为重要的因素是不同构造所形成的地形、地貌及母岩的抗风化能力等，可按沉积物特征、地质营力（地质作用类型及地质作用方式）及地貌类型的统一性进行分类（表2-2，图2-10）。

表 2-2　森林沼泽区浅覆盖层类型划分简表

成因类型	沉积物	地质作用方式	地质作用		地貌类型
残积类	残积物	物理风化作用	向下水动力渐强	向下重力渐弱	山脊
生物、化学类	现代土壤	生物、化学风化			
冻土类	融冻堆积物	冻融作用			石海
沼泽类	沼泽沉积物	生物、化学堆积			沼泽
斜坡重力类	坡积物	重力、片流冲刷			坡积裙、倒石堆
混合成因类	残坡积物	物理风化、重力、片流沉积			山坡
	冲洪积物	流水侵蚀、搬运、堆积			河床、河漫滩、冲积扇、阶地
植被类	植物	植物本体覆盖			

试点图幅望峰公社幅位于黑龙江省西北部大兴安岭伊勒呼里山及其南麓地区。主要填图技术方法组合为地表地质调查、物化遥综合反演、X射线荧光快速分析以及浅钻相互辅助、验证。地球物理（航磁数据）及遥感综合反演、解译为地质路线和地质剖面提供工作重点，确定地质体的位置、空间分布及不同地质体的接触关系。并采用地球化学反演方法（土壤数据）建立元素－矿物－填图单元之间的耦合关系，凝练地质与矿产信息，以

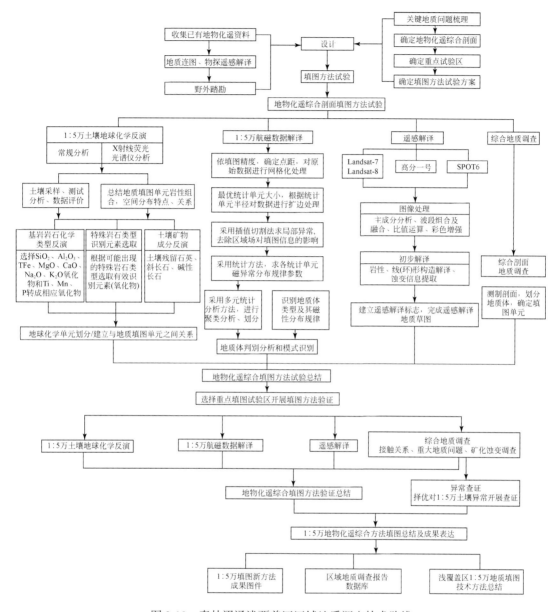

图 2-10　森林沼泽浅覆盖区区域地质调查技术路线

浅钻及 X 射线荧光快速分析方法辅助进行物理和化学的揭露,迅速定位和确定填图单元;通过综合剖面建立典型地质体在地质、物探、化探、遥感等方面的典型指标,通过地表地质调查及浅钻分析查明测区内覆盖层类型、厚度及空间分布,揭示下伏基岩岩性及顶面的三维空间结构。

森林沼泽浅覆盖区区域地质调查成果图件主要有 1:5 万地质图、矿产图、物探磁性体分类图及反演图、化探地球化学块体分类图及反演图、遥感解译验证图及综合信息地质图。根据实际情况,可添加浅覆盖区类型分类图、露头统计及浅钻验证图等图件。

四、京津冀山前冲洪积平原区

京津冀山前冲洪积平原沿太行山和燕山的山麓地带大致呈带状分布，海拔为15～100m，由多条大型河流的冲洪积扇组合而成。平原地貌组合呈现有规律分布：山麓坡积裙分布于山地和丘陵向平原的过渡地带；山麓洪积平原由一系列洪积台地及洪积扇组合而成，洪积扇之间形成扇间洼地；冲积平原是大型河流出口处形成的巨大扇形平原，扇形平原之上则由于受到河流频繁改道，形成了河床、河漫滩、边滩、决口扇、堤岸、牛轭湖、泛滥平原等多种类型的河流（微）地貌。自东北向西南，可将该区进一步划分为6个亚区：滦河-洋河山前平原亚区、州河-还乡河山前平原亚区、永定河-潮白河山前平原亚区、拒马河-唐河山前平原亚区、滹沱河山前平原亚区、漳河-沙河山前平原亚区。

京津冀山前冲洪积平原区区域地质调查技术路线见图2-11。

浅表第四纪地质地貌调查主要查明各种地貌的几何形态、组合特征及分布规律，合理划分地貌单元类型，研究地貌与地表沉积物的生成关系；查明地表沉积物的岩性、成因类

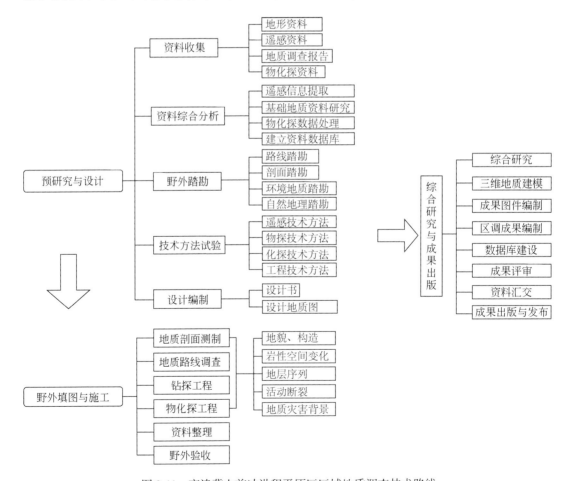

图2-11　京津冀山前冲洪积平原区区域地质调查技术路线

型、时空分布规律以及新老叠置关系，研究其沉积时代及沉积环境，归纳建立地表第四纪填图单位。第四纪松散层调查主要内容为以岩石地层调查为基础，建立地层划分标志，查明其空间变化特征，进行年代地层、生物地层、气候地层、磁性地层、事件地层的多重地层划分对比研究，建立第四纪地层层序；以基准孔为基础，建立全区系统的钻孔剖面测网，开展第四纪沉积相和沉积环境调查，查明沉积物组合、厚度、韵律、沉积构造、古流向等特征，利用电测深、综合物探测井等资料进行沉积环境分析，结合古生物、古气候成果，恢复各时期的沉积环境，分析其变化规律和演变趋势，编制不同时期的岩相古地理图件。结合浅表地质地貌调查，查明调查区活动断层的几何延伸、运动及动力学特征，以及相关的地质灾害类型和分布。地貌第四纪松散层调查以施工基准孔为基础，布设一定数量的控制孔，并辅助各种物探手段来达到对第四纪地层层序、沉积物特征、沉积环境、古气候演化以及构造控制因素（断裂、沉积间断等）的调查，具体调查手段和要求参照《覆盖区区域地质调查技术要求（1：50000）》（DD 2021—01）执行。

成果图件主要包括 1：5 万第四纪地质图和 1：5 万基岩地质图。

五、黄土覆盖区

中国黄土主要分布于 30°～49°N，北起阴山山麓，东北至松辽平原和大、小兴安岭山前，西北至天山、昆仑山山麓，南达长江中下游流域，分布面积约 63 万 km²（图 2-12）。典型的黄土主要分布于黄河中游流域的中央黄土高原区，大致位于 34°～41°N、102°～114°E 的范围，南北距离约 700km，东西距离约 1200km，面积约为 27 万 km²。中央黄土高原以六盘山为界，主要分为陇东黄土高原和陇西黄土高原两部分。

中国黄土的厚度以黄河中游流域、泾河与洛河的中下游流域为最大，形成沉积中心，其他地区的厚度从十几米到几十米不等（图 2-12）。兰州、西峰、环县、平凉一带，厚度达 150～200m，最厚可超过 300m，向四周厚度减薄，到延安、靖边一带，厚100～125m，山西南部有近百米厚，到太行山麓仅为 10～40m，柴达木盆地和河西走廊一带厚度只有 10～20m。其中中更新世黄土厚度最大，是黄土高原的主体骨架。

风是黄土堆积的主要动力，黄土高原的侵蚀则以流水作用为主。特殊的自然地理和气候环境下的黄土，在两种营力作用下，形成了特有的黄土地貌。根据黄土地貌的形态特征、发育部位和形成的地质营力，可将黄土地貌分为黄土沟谷地貌、黄土沟（谷）间地貌、黄土潜蚀地貌和黄土灾害地貌。

黄土覆盖区区域地质调查技术路线见图 2-13。

黄土覆盖区 1：5 万区域地质填图的总体目标任务包括：在充分收集整理和分析利用黄土研究成果及测区地质资料的基础上，结合测区地质地貌条件，综合运用地表地质调查、遥感、物探、化探和钻探等技术手段，采用数字填图方法，进行多重地层划分对比建立新生代覆盖层地层格架；分析地貌、岩相古地理特征及古气候演变规律，查明新生代地质结构、沉积学特征、沉积环境和新构造运动特征；揭示基岩面的起伏及隐伏基岩沉积和构造

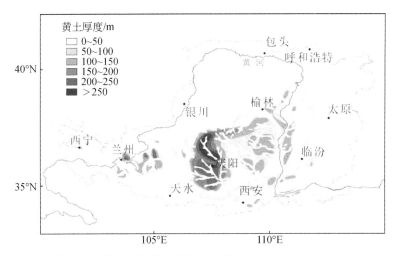

图 2-12　黄土高原黄土厚度分布图（Wang et al.，2010）

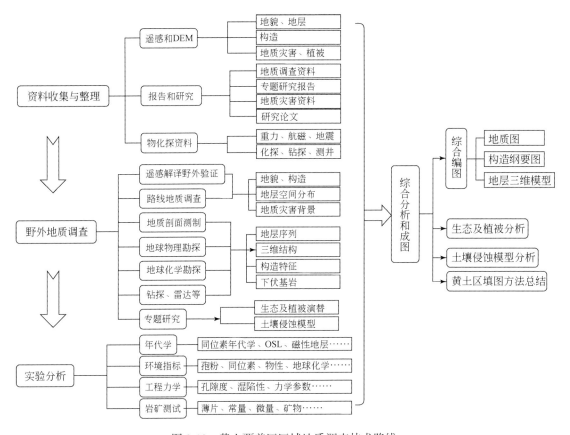

图 2-13　黄土覆盖区区域地质调查技术路线

特征，构建新生代覆盖层的三维地质结构模型；开展黄土覆盖区地貌、构造、生态环境、土壤侵蚀、地质灾害调查，分析其形成和发育规律，探讨各要素间的相关关系；立足于社会经济发展和区域生态文明建设需求，针对性编制专题应用图件，形成黄土覆盖区满足不同层次需求的地质填图成果表达和应用。

黄土覆盖区成果地质图在能客观真实地反映填图区地质特征的主图的图框外还要增加反映黄土区地质灾害、水土流失、侵蚀机制等方面内容的附图。

六、强风化层覆盖区

强风化区主要位于热带、亚热带等降雨量大的地区，我国南方强风化区主要分布于东南部和南部，涉及江苏、上海、浙江、安徽、江西、福建、广东、广西、湖南、贵州、云南、四川、海南、台湾等省（自治区、直辖市），总面积约 150 万 km^2（图 2-14）。地形总体西高东低，涉及高原、山地、丘陵、平原等多种地貌，横跨中国地形三级台阶。

南方强风化区主体位于华南板块，区内地质构造复杂，岩性多样。主要涉及东南沿海中生代火山岩带、钦-杭结合带、右江造山带、三江造山带等主要构造区带及西南三江成矿带、钦-杭成矿带、武夷山成矿带等多个重要成矿带。从岩性来说花岗岩最易形成厚风化层，呈丘陵地貌。中国东南部热带亚热带的花岗岩区的厚风化层与石灰岩地区的喀斯特地貌，是相同气候条件下不同岩性的风化产物。

我国有色金属资源基地已探明铜、铅锌、钨、锡、金、铝土矿等一系列大型矿床，其中贵州、云南、广西是我国铝土矿的主要产区，江西、广东是钨矿的主要产区，云南、广西、广东是锡矿的主要产区。这些成矿带的强风化区矿产资源丰富，具有巨大的找矿潜力。从矿产成因来看，强风化区发育特有的表生成矿作用及风化壳型矿床。其中风化壳离子吸附型稀土矿是我国南方强风化区独有的稀土矿床种类，主要分布在江西、广东、广西、福建等地。南方强风化区多数属山地丘陵区，在地形、地质、风化、气候以及人类活动综合作用下，极易发生崩塌、滑坡、泥石流等斜坡岩土体运动灾害。强风化区风化层厚度大，岩土体条件复杂，极大地增加了重大工程选址难度和设计施工成本。

南方热带-亚热带地区气候温暖潮湿，岩石发生强烈风化作用，风化后松散沉积物主要为各种不同黏土矿物组合及残余岩屑。利用已知露头开展物探、化探、遥感等技术方法试验，总结地表风化层与下伏基岩的联系，再将其应用到风化层严重覆盖的未知区开展填图（图 2-14）。

主要方法包括：①试验确定填图技术方法组合，借助物探、化探、遥感、浅钻等多种技术手段，揭示强风化层下伏地层、岩石、构造、矿产等特征，根据对不同地层岩石原位条件下物性的认识开展现场试验选择适宜的物探方法，探地雷达可用于碳层风化层厚度及（隐蔽）地质界线识别；②填图单元建立，选择典型地质地貌剖面，通过一定间距浅钻调查，查明区域地貌类型、微地貌特征与风化壳发育程度的关系，查明风化壳在山脚、山腰、山顶分布与发育情况，以及风化壳全风化、半风化、弱风化、原岩的分层及各层特征，建立不同岩性特别是与离子吸附型稀土矿有关的风化花岗岩、混合岩和火山岩的典型风化层三维结构，建立风化层填图单位，并结合风化层母岩稀土的物质组分和赋存状态，调查填

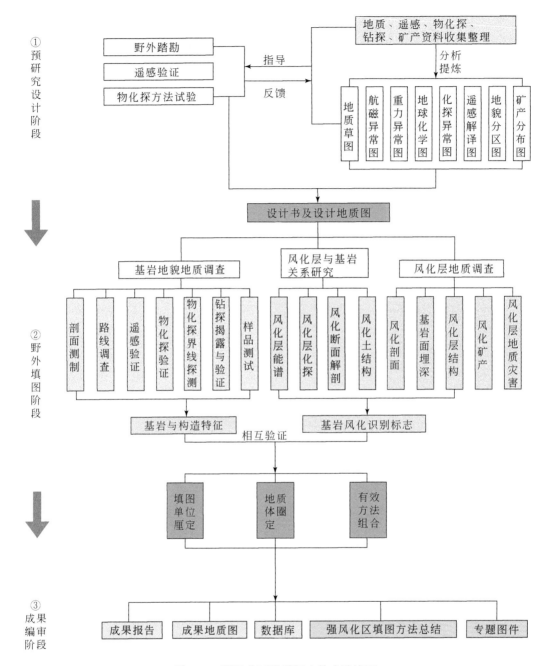

图 2-14　强风化区地质调查技术路线图

图区内风化矿床特别是离子吸附型稀土矿的成矿有利地段；③恢复风化层原岩，通过风化岩石薄片鉴定不同岩性风化产物的放射性元素含量差异及其他地球化学特征的差异，以及运用便携式伽马辐射能谱测量与地球化学元素分析等方法判断原岩性质；④地质填图，使用浅钻设备可钻穿整个覆盖层钻入基岩，对基岩进行直接观测和钻孔编录，与物化探测量配合使用，开展强烈风化区地质填图，选择地质雷达及遥感地质解译、SAR（合成孔径雷达）技术等开展风化层覆盖区地表调查。

综合地质、遥感、地球物理、地球化学和钻探等野外调查和室内分析资料，基于数字地质调查信息系统（DGSS）平台，完善各种地质图件编制。强风化层覆盖区区域地质调查成果图件包括成果地质图和其他专题图件。

成果地质图采用左右两个主图：左侧为基岩地质图，为综合地表地质调查（含露头及根据风化土推测的岩性）、遥感、物化探、钻探等填出的地质图，主要表达岩石、地层、构造、古生物等要素，与传统地质图基本一致；右侧为风化层地质图（也可称为地表地质图）。风化层地质图的主图区将地表风化覆盖层现状特征直观反映在图上，对风化残积土根据残留矿物粒度和类型以及新生黏土矿物组成进行分类，对风化层的厚度以等值线的形式进行表达。为减轻图面负担，增强美观性，将 1：5 万数字地形图处理成晕渲图作为地形底图，在其上叠加各种等值线和花纹。

其他专题图件：风化断面素描图和分层柱状图，一般采用 1：100 比例尺对风化断面进行分层，如残/坡积层、全/强/中/弱风化层、未风化基岩层，并对各层进行详细描述。在此基础上，还可编制风化层厚度图、地质灾害分布图等专题图件。

七、活动构造发育区

活动构造是指在最近的地质历史上（一般指 10 万年以来）有过活动或正在活动的地质构造，通常包括活动断层、活动褶皱、活动盆地、活动地块等。活动断层是指在最近的地质历史上（一般指 10 万年以来）反复活动，并在未来可能会继续活动的断层。

中国大陆特殊的构造位置，造就了复杂的构造格局，分为阿尔金-青藏高原东北缘地区、天山-帕米尔地区、青藏高原东缘地区、青藏高原东南缘地区、鄂尔多斯周缘地区、华北-东北地区及华南及南海北部地区（郑文俊等，2019）。受不同方向板块作用的影响，地表现今活动的构造运动性质差异明显，从总体上看，中国大陆活动构造几何图像主要体现为由受控于区域性大断裂的不同性质、规模的活动构造共同构成。邓起东等（2002）根据这些特征，结合已有的研究成果，提出了中国活动构造分区，认为中国大陆活动构造按性质、运动特征及地震活动等可分为不同的断块区和断块，并由此分析了中国活动构造的分区特征。张培震等（2013）进一步深化了相关认识，提出了活动地块的理论框架，认为中国大陆内部以地块的运动为主要特征，活动地块是中国大陆内部构造活动和控制强震发生的最重要的构造形式。

活动构造发育区开展区域地质调查的目的是融合多学科、多手段，查明测区内岩石、地层、构造及其他地质要素的基本特征，完成 1：5 万区域地质图（图 2-15）。以高精度遥感综合解译为基础，识别和建立测区河流阶地、阶地陡坎、冲洪积扇、河流与冲沟等各种面状和线状地貌体，系统开展测区构造地貌研究；以高分辨率层序地层学理论为指导，以高精度的年代学测试为手段，系统开展测区晚新生代地层多重划分与对比，建立区域等时地层对比格架；查明地层之间的接触关系、沉积物源、岩性及岩相的横向变化，恢复不

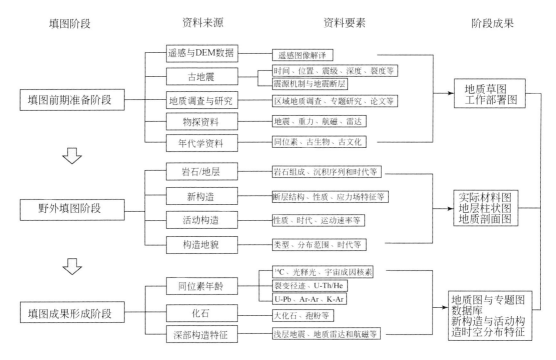

图 2-15　活动构造发育区 1：5 万填图技术路线图

同演化阶段的岩相古地理格局；充分吸收国内外活动构造调查的新技术、新方法、新概念，将地物化遥（地质、物探、化探、遥感）等多种方法相结合，查明区内裸露及隐伏活动褶皱、活动断裂、活动隆起等活动构造的位置、性质、几何学特征、运动学特征以及活动参数等，系统开展活动构造准确定时、定位研究；综合构造地貌、沉积岩性、活动构造及深部地球物理场等研究成果，选择合理的指标及评价方法体系，开展测区区域稳定性综合评价。

首先利用遥感影像解释和 DEM 数据处理及地表地质地貌调查，结合无人机航拍、激光扫描等技术方法对地表地质、地貌特征及活动断层分布与活动特征开展调查；利用常规钻探、物探等方法，开展晚新生代沉积结构调查；在地表调查已经确定的活动断层发育位置开挖探槽，研究几何分布、活动期次、活动性质。

活动构造发育区区域地质调查成果采用主图＋角图＋文字说明的形式表达。基岩裸露区按照地层时代来表达，第四系覆盖区按照地层时代＋成因＋岩性来表达。第四系覆盖区要叠加第四系厚度等值线、钻孔柱状图。断层前第四纪、早中更新世、晚更新世和全新世断层要分别表达。另外，将地质灾害与环境、人类文化遗迹等叠加在主图上。

附图包括构造纲要图（构造应力场）、剩余重力异常图、岩相古地理图、地层岩相-岩性剖面图、第四纪构造地貌图、地质-钻探-地球物理剖面及第四系综合柱状图（古地磁极性柱）。

八、大数据地质填图试验

现今地球科学领域内数据的采集量呈爆发式增长，地学观测数据满足大数据海量、异构、多源的基本特征，因此有可能开展大数据地质填图。地质云平台和信息化建设为促进地球科学领域多源数据的管理、存储和处理分析方面向智能化方向的转变与发展做出了贡献。特殊地质地貌区填图试点项目开展了覆盖区智能地质填图及算法模型的探索（陈虹等，2021）。基本程序是利用大数据平台对地学多源异构数据进行升维，选取特征属性和样本点，进而对各类地质数据进行训练和预测，由计算机编绘出一张机器地质图（图2-16）。这张图由地质填图人员对不同单元与单元边界的性质与特征进行实地查证后，形成成果地质图。

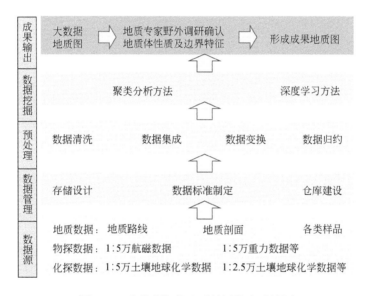

图2-16 大数据智能地质填图技术路线图

智能地质填图试验区域选择黑龙江望峰公社幅，通过收集化探、航空磁测、土壤地球化学和地面高精度磁法等结构化数据及遥感影像和地质数据等非结构化数据，建立不同数据库，并进行数据预处理、数据挖掘分析，获得了模型预测图件，与实际地质图的地质单元较吻合。智能地质填图方法探索试验获得以下几个方面的认识：①单一数据的聚类分析或数字驱动模式无法完全满足地质填图的工作需要；②通过大数据人机交互深度学习和模型训练，进行地物化遥等多源异构地学数据的综合计算与预测，可以实现数据向智能地质图的转变；③通过挖掘各种多源异构数据的内在联系和潜在价值，能够真正实现区域地质填图工作的智能化，为设计地质图编制、工作部署和成果总结提供技术支持。

第七节　覆盖区试点填图项目主要成果

特殊地质地貌区填图试点项目完成不同类型地质地貌区 1 ： 5 万区域地质调查面积 21503km², 编测西南极地区 1 ： 25 万地质图 3687km²。查明青藏高原东北缘与华北地区主要活动断裂的特征与活动性, 编制了华北地区 1 ： 250 万活动构造图及主要活动构造带 1 ： 50 万活动构造图, 建立了华北地区活动构造格架。系统测制了华北地区及长三角地区新生代地层剖面与标准钻孔岩心剖面, 建立了华北和长三角地区新生代岩石地层、年代地层和磁性地层格架, 为开展地表作用与系统演变调查研究奠定了坚实的地质资料基础。

（1）项目以黄河流域为主线, 开展地表过程及圈层相互关系调查与研究, 初步确定青藏高原东北缘及华北地区活动构造格架、晚新生代盆地沉积充填过程, 初步查明并确定我国华北及长三角地区重大地质事件、古环境与古气候事件的地质记录, 初步调查揭示了华北地区晚新生代沉积过程与古人类文化层分布关系。

（2）初步确立了中国东部晚新生代以来构造－沉积演化的基本格架, 古近系与新近系之间的角度不整合接触（约24Ma）表明华北地区的构造演化主要受控于滨太平洋构造域, 始新统与渐新统之间不整合（9.8Ma）标志着青藏高原隆升扩展抵达东北缘地区, 华北地区的构造演化已由滨太平洋构造域转换为青藏高原构造域控制（图 2-17）。

（3）初步揭示晚更新世以来中国中东部沉积过程与生态环境演化及人类文明发展的制约关系。晚更新世（约 50ka）萨拉乌苏组与水洞沟组之间沉积间断, 对应于末次冰期的一次极冰期；35 ～ 25ka 的湖相沉积对应华北东部一次广泛海侵地层。约 11ka, 青藏高原东北缘沟谷体系形成, 现今地貌基本定型。

（4）服务重要经济区带城市建设。创新平原区填图表达方式建立了苏北盆地泰兴地区地表 5m 以浅、50m 以浅及第四系三个层次的三维地质结构, 为泰兴市和泰州市城市地质调查、资源环境承载力评价奠定了基础, 为城区规划红线划定提供了基础地质背景（李向前等, 2016）。

（5）查明地质灾害易发区致灾因素。对黄河断裂和贺兰山山前断裂、河套盆地北缘狼山山前断裂等活动断层进行精确的定位、定时、定性研究, 确定黄河断裂可能为 1739 年宁夏平罗 8 级大地震的发震断裂, 贺兰山山前断裂应该是近期银川地区地震灾害监测预防的重点。建立河北香河、大厂一带全新世地层格架, 确定古河道粉砂是造成沙土液化的主要原因, 全新世古河道分布区是重大工程建设及地震灾害防治区。利用大数据填图方法, 基本探明运城盆地峨嵋台地前缘黄土塌陷分布特征。

（6）对宁南盆地油气成藏条件、油气资源潜力进行了研究和初步评价。提出宁南盆地新生界存在两套生储盖组合, 明确提出宁南盆地新生代蒸发岩沉积体系是有利后"生储盖"组合；盐构造圈闭有利于油气聚集成藏；新生代蒸发岩石膏中发现未熟－低熟油包裹体, 表明具有油气运移和聚集过程, 勘探潜力值得进一步深入研究。

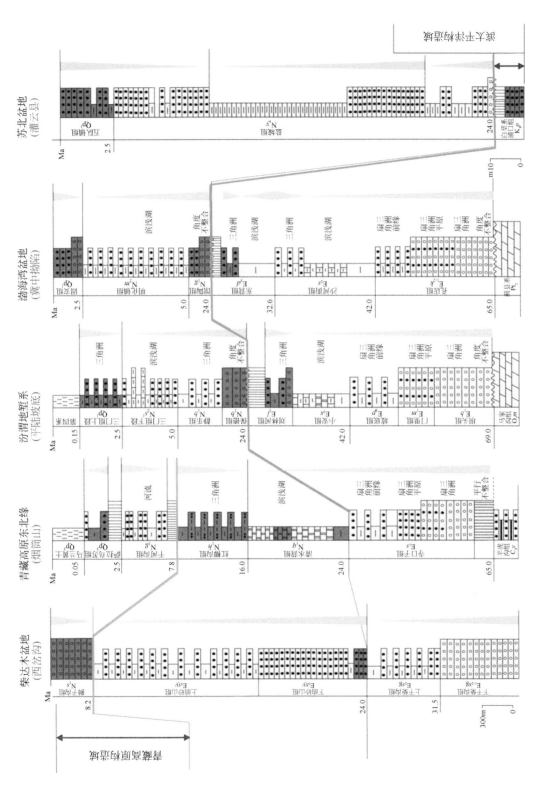

图2-17 中国北方新生代地层记录及重要构造界面

第三章 高山峡谷区 1∶5 万填图技术方法

第一节 高山峡谷区分布与基本特征

高山峡谷区是指海拔高（＞2500m）、切割深度大（＞1000m）、基岩裸露较好、难以开展地质工作的地区或无人区，在我国主要分布于天山中西部、青藏高原东部和北部地区（辜平阳等，2018）。

高山峡谷区可进入性较差、地质矿产调查研究程度低，在西南天山、西昆仑－阿尔金、东昆仑、巴颜喀拉山等地区表现尤为突出。目前上述地区基本完成中小比例尺区域地质调查及重要成矿带部分地区中大比例尺填图工作，但地层系统、岩浆岩序列和构造格架的建立、制约找矿的重大基础地质问题的解决、诱发大规模地质灾害的关键因素查明等仍需进一步探索研究。同时，这些地区地质构造复杂，岩浆作用频繁，往往是成矿的有利地段。此外，高山峡谷区生态环境脆弱、水文条件复杂多变、地形地貌切割强烈、地质构造复杂等因素导致滑坡、泥石流、崩塌等地质灾害频发。

第二节 填图目标任务

高山峡谷区区域地质调查（1∶5 万）是一项基础性、公益性、探索性的基础地质工作。以地球系统科学和先进的地学理论为指导，在充分收集已有地质、物探、化探、遥感等资料的基础上，充分发挥遥感技术在高山峡谷区填图工作中的先导作用，提高区域地质调查的科技含量、质量与效率。利用不同光谱分辨率、空间分辨率及时间分辨率的遥感数据，开展岩性、构造解译及矿化信息提取。结合测区地质地貌特点，选择有效技术方法组合，查明建造与构造的特征属性及其相互关系，研究剥蚀作用、沉积作用、岩浆作用、变质作用和构造作用，揭示形成环境和地质演化历史等，阐明自然资源赋存的基础地质背景，解决存在的关键基础地质问题，提高地质认知水平，促进地球系统科学发展。在野外路线调查和剖面测制工作量较少的客观条件下，尽量达到地质填图精度，创新成果表达方式，提交地质图、报告等产品，为国家提供公益性基础地质资料和信息，服务国家能源资源规划和生态文明建设。

第三节 填图技术路线与主要技术方法组合

一、总体技术路线

通过遥感等技术方法、地表地质调查和验证等填制地质图及专题图件，配合使用物探、化探等手段查明工作区岩石、地层、构造、地质结构及矿化蚀变等基本特征，解决地质体的时代属性、构造属性等基础地质问题，形成面对多目标的服务成果。

总体技术路线：在充分收集前人资料的基础上，采用 3S（全球定位系统、遥感、地理信息系统）等技术，充分发挥遥感技术在填图工作中的先导作用，选择有效技术方法或者技术方法组合，合理划分调查区填图单位，注重矿化线索发现和成矿规律总结，填绘高质量的 1：5 万地质图。采用遥感先行等有效技术方法促进地质填图，对于关键地段应重点解剖技术路线。抓住技术方法合理适用、填图精度符合要求、成果表达客观创新等三个关键点进行突破，具体技术路线见图 3-1。

二、主要技术方法组合

（一）遥感图像信息增强

选择合适的遥感数据类型及图像处理方式，加大解译图像的信息量，改善图像的视觉效果，突出地质调查所需的信息，提高地质解译程度。

1. 不同分辨率遥感数据类型选择及解译效果对比

根据空间分辨率可将遥感卫星分为低分辨率卫星（空间分辨率≥10m）、中分辨率卫星（空间分辨率为 1～10m）和高分辨率卫星（空间分辨率≤1m）（田淑芳和詹骞，2013）。目前地质调查中使用的中低分辨率数据主要有 TM、ETM、ASTER、SPOT。ASTER 数据具有多重分辨率，为融合不同波段数据提供了可能。SPOT5 的空间分辨率最高可达 2.5m，SPOT6 的多光谱空间分辨率为 6m，全色空间分辨率为 1.5m，在岩性差异较大的地区，SPOT6 的数据可以满足 1：5 万填图精度要求，但由于其空间分辨率不高，在岩性差异较小的地区仍无法区分不同岩类。

随着新型遥感探测技术的发展，高分、高光谱影像数据在岩性解译、构造识别、地质界线追踪、成矿作用研究等方面发挥了重要作用（杨敏等，2012；李永军等，2013；张策等，2015）。GeoEye-1 卫星可提供 0.41m 全色分辨率和 1.65m 多光谱分辨率影像，还能以 6m 的定位精度确定目标位置。QuickBird 卫星可提供 0.61m 全色分辨率和 2.44m 多光谱分辨率影像，该影像在空间分辨率、多光谱成像、成像幅宽、成像灵活性等方面具有明显的优势。QuickBird 影像的光谱信息非常丰富，多光谱数据与全色数据进行融合可以得到亚米

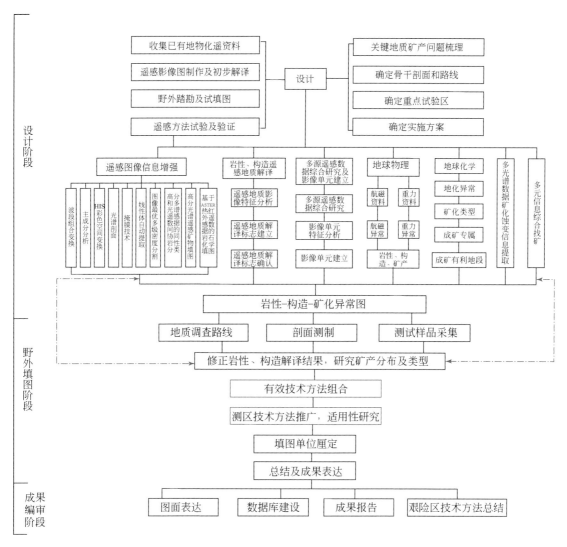

图 3-1　高山峡谷区地质调查技术路线图

级的多光谱影像数据，这些数据将非常有利于影像判读、特征提取和各种大比例尺专题图的制作与应用。

一般情况下，GeoEye 公司提供通用的有理函数模型（rational function model，RFM）恢复摄影时的物像关系，用户则通常把它作为影像的几何成像模型来对数据进行摄影测量处理，如正射影像纠正、立体测图、DEM 提取等。

相对于 GeoEye-1 和 QuickBird 卫星数据，WorldView-2 卫星影像空间分辨率为 1.8m，全色空间分辨率达到 0.46m，除了其他高分辨率卫星具备的 4 个常见的波段外，还可以提供 4 个彩色波段，主要包括：海岸波段（400～450nm）、黄色波段（585～625nm）、红色边缘波段（705～745nm）和近红外 2 波段（860～1040nm）。WorldView-2 卫星的波段分布比较连续，从而能够在此波段范围内增强其光谱分辨能力，保证了较高的光谱辐射精度，并减少了各个波段之间的光谱重叠，可有效提高目标解译的准确度。经乌什北山地区试点填图，在近于同等条件下可优先选择 WorldView-2 卫星提供的影像数据。但该数据显示的细节性信息过多，增加了信息取舍的难度及宏观地质现象的解译偏差。

WorldView-3 卫星在 WorldView-2 卫星基础上又实现了多项性能的提升（提供 0.31m 分辨率的全色图像和 1.2m 分辨率的多光谱图像，还新增了 8 个短波红外谱段，能采集分辨率达 3.7m 的红外图像），可对岩性单元的形态、纹理以及岩性层间的空间关系等进行精细识别。由于价格昂贵、数据量大、处理困难等因素，无法大面积普及，目前仅适用于调查区成矿有利地段或者构造、岩性复杂地区的解译。例如，新疆乌什北山地区选用 WorldView-3 卫星数据对前人发现的银矿化层位（变形较强）进行"追索"研究。

随着卫星数据获取技术的不断发展，国产卫星数据的空间分辨率已经达到米级，如资源一号 02C（ZF-102C）、高分一号（GF-1）和高分二号（GF-2）。实践表明，以上卫星数据分辨率已达到同等空间分辨率国外卫星的水平，在高海拔 - 深切割区具有很大的应用潜力（马熹肇，2012；文雄飞等，2012；邱学雷，2013；梁树能等，2015）。同一地区解译结果显示 GF-2 较 GF-1 可对岩性进行更精细识别，但二者均能满足 1 ： 5 万的高山峡谷区填图精度。因此，在同等空间分辨率数据的需求下，可选择上述两种国产卫星数据。

2. 遥感图像增强处理方法

图像增强是人为对图像辐射性质进行干扰，改变原始图像的辐射特征，即改变原始图像的灰度结构关系，加大解译图像的信息量，扩大不同图像特征之间的差异，从而提高图像的解译能力，遥感图像增强处理是提取遥感地质信息的前提。

1）波段组合变换法

波段组合变换法是通过一系列的组合代数运算，得出信息量最为丰富的波段组合方式，以达到图像增强的目的，为高山峡谷区（基岩裸露较好区）常用的方法之一。按照信息量最大的原则选择最佳波段组合成信息量丰富的彩色图像，提高岩性、构造解译程度。波段组合一般遵循两个原则：①波段的标准差，表示各波段像元亮度相对于亮度均值的离散程度，标准差越大波段所包含的信息量越大；②波段之间的相关系数，相关系数越大，各波段所包含的信息之间可能出现大量的重复和冗余，相关系数越小，各波段的图像数据独立性越高，图像质量就越好（孙华等，2006；金剑等，2010）。常用 Chavez 等（1982）提出最佳指数（optimum index factor，OIF）来表示最佳波段组合，OIF 越大，相应组合图像的信息量越大。因此，需根据研究区遥感数据各波段亮度值分布范围、均值、标准差及各波段间的相关系数大小等进行最佳波段组合选择。

比值组合法是通过波段比值图像来突出类别和目标信息。比值图像由两个波段或者几个波段组合的对应像元亮度值之比获得，得到的结果可以扩大物体的色调差异，突出构造和岩性特征，消除地形阴影对地物图像特征的影响，区分某些在单波段上容易混淆的岩性（程三友和许安东，2013）。例如，新疆托里县科尔巴依—野马井一带区域地质调查项目采用 ETM5/7、3/2、4/3 比值合成假彩色图像区分花岗岩体不同岩相带。

2）主成分分析法

主成分分析也称主分量分析，旨在利用降维的思想，把多指标转化为少数几个综合指标（即主成分），其中每个主成分都能够反映原始变量的大部分信息，且所含信息互不重复（程三友和许安东，2013）。即对原始多光谱或者多向量图像做空间线性正交变换，产生一组新的成分图像，结果使高维图像降到低维的最佳波段组合，降维处理不损失原图的模式特征信息。新的图像各成分之间各自独立、互不相连，减小了原多光谱图像的相关性，光谱信息更加丰富，提高了图像的空间分解能力及清晰度。例如，新疆托里县科尔巴依—野马井一带区域地质调查项目采用 ETM 主成分 PC1、2、3（红、绿、蓝）假彩色合成图像研究岩性、岩性分带及构造空间展布特征。

3）HIS 彩色空间变换法

HIS 是在彩色空间中使用色调、亮度和饱和度来表示色彩模式。多光谱图像波段间都存在一定的相关性，较高的相关性导致假彩色合成图像的饱和度过窄，颜色层次少，不利于地质信息提取（程三友和许安东，2013）。通过 HIS 彩色空间变换处理可以降低多光谱之间的相关性，提高地物的纹理特征，增强多光谱图像的空间细节表现能力，有助于遥感图像对岩性和构造的识别，但是光谱失真较大。例如，新疆托里县科尔巴依—野马井一带区域地质调查项目利用 HIS 彩色空间变换假彩色合成图像，提高遥感地质解译程度（幸平阳等，2018）。

4）光谱剖面法

在地质填图过程中，某些特殊岩性、标志层或者特殊地质体对填图单元的划分具有重要意义，当其与背景之间在光谱上是可分的，即与背景之间存在着较少的同谱现象，可用光谱剖面法针对目标地质体进行专题信息提取，从而获得所需的地质信息（程三友和许安东，2013）。

5）掩膜技术

在岩性、构造解译过程中，目标信息常会受到相邻地物的影响，使得有用信息所占的灰度范围比较小或受干扰光谱影响很大，不利于岩性、构造信息的区分。因此，可利用所确定的干扰物区域图像，采用掩膜方法对待处理图像进行逻辑运算，得到去掉干扰物的图像。同时，对图像进行增强处理，使原图像中的干扰物亮度区间压缩至最小，而有用地物可利用的亮度区间达到最大，达到图像增强的目的。

例如，新疆 1：5 万喀伊车山口等三幅高山峡谷区填图试点项目通过对研究区遥感数据波谱图进行分析，结合信息提取目的，对图像中的云、阴影、第四系地层、雪、植被、土壤等进行掩膜处理，使原图像中的干扰物亮度区间压缩至最小。通过对 ASTER1/ASTER5 和 ASTER1/ASTER3 比值图像进行密度分割确定合适的阈值作为掩膜消除云、阴影、第四系地层、雪、植被、土壤等影响（图 3-2）。

6）线性体自动提取

线性体主要为呈线状展布的构造、地质体及地貌等，主要为断裂、褶皱轴、脉岩、线状排列的小岩体等，实际中还可能为一些地貌特征，如陡崖、平直的山谷与河流等。遥感

图 3-2　新疆乌什北山 ASTER 遥感图像（RGB631）

线性体的提取对选择波段图像要求比较高，图像必须满足信息量大，边缘突出，线性特征明显。通过定量分析，提取图像上边缘点，进行栅格向矢量转换及叠加成图，实现图像线性边缘点的计算机自动识别和提取。通常也采用低通滤波及模拟光照阴影技术突出线性构造，但受地形影响显著。

7）图像最优多级密度分割

图像最优多级密度分割是将图像的灰度级（最大值到最小值）作为有序量，利用费歇尔准则对图像进行密度分割，使各分割段的段内离差总和最小，段间离差总和最大，进而划分出不同的地物类型。地质数据是按照一定顺序排列的地质变量，采用不同的划分方法对有序的地质变量进行分割，其中使各分割段的段内离差总和最小、段间离差总和最大的方法称为最优分割法，利用最优分割法对图像进行分割，对分割后的图像按照灰度级由高到低分别赋以不同的颜色。通常在植被覆盖较弱，基岩广泛裸露的地区进行最优多级密度分割，提取和识别岩性信息。此外，最优多级密度分割在遥感蚀变信息提取中得到较好的应用，选择最大分割段数，做出最优分割段内离差平方总和随分割段数变化的曲线，当分割段数达到一定数目后，曲线趋于平衡，从而获得合理的分割段数。根据合理的分割段数，从强到弱分别赋以红色到绿色进行彩色分割，从而得到蚀变遥感信息异常分类图。

8）高分和多光谱遥感数据协同岩性分类

由于遥感成像中瞬时视场的限制，同一传感器难以同时获得高光谱分辨率和高空间分辨率数据。在遥感岩性识别中，高空间分辨率遥感数据能较好地探测地表细节信息，对于不同类型岩石、构造及岩性单元之间的接触关系都具有较好的识别能力。在中等分辨率多光谱遥感应用过程中，其短波红外波段数据对于岩石、矿物的光谱差异区分相比可见光波段对于蚀变矿物的提取、大尺度岩性划分有一定优势。多源遥感数据对于岩石、矿物信息识别能力的发展和进步，是各个传感器光谱探测能力和空间探测能力相互影响、相互制约"协同"推动的。因此，实现多源遥感数据的空间分辨率优势和光谱分辨率优势的协同是遥感地质发展的趋势（Rokos et al.，2000；Rowan et al.，2003；余海阔和李培军，2010；任梦依和陈建平，2013；张斌等，2015）。

TM、Landsat、ASTER 数据光谱分辨率高，但空间分辨率较低，不能满足复杂岩石、矿物信息提取的需要。QuickBird、GeoEye-1、WorldView-2 遥感数据虽具有高的空间分辨率，但其光谱分辨率低，缺少短波红外（SWIR），波谱范围相对较窄。为弥补不同分辨率卫星数据的不足，可将高分和多光谱数据协同处理，以提高地质解译精度和效率。

例如，为验证技术方法的有效性，将新疆若羌白山地区 WorldView-2 和 Landsat-8 数据进行协同，两种数据在光谱分辨率、空间分辨率、时间分辨率及辐射分辨率方面均有所差异。WorldView-2 数据的分辨率远高于 Landsat-8 数据。WorldView-2、Landsat-8 数据波谱范围对比可知，在可见光—近红外波谱范围内，WorldView-2 数据波段范围连续分布，基本上实现该波谱范围内波谱全覆盖，平均波段宽度为 50nm，光谱分辨率高（图 3-3）。Landsat-8 除红绿蓝波段外，还有一个深蓝波段和一个近红外波段，平均波段宽度也为 50nm。Landsat-8 的数据虽在此波段内，但波段覆盖范围没有 WorldView-2 数据大，且波段不连续；但在岩性和矿物识别非常有效的短波红外和热红外区域，Landsat-8 数据较 WorldView-2 数据具有更多的波段。因此，在光谱覆盖范围上，WorldView-2、Landsat-8 数据可实现光谱优势互补。具体方案是将 WorldView-2 可见光—近红外 1～8 波段与 Landsat-8 数据短波红外 6、7 波段进行叠加，获得 10 个波段的光谱协同数据，如图 3-4 所示。

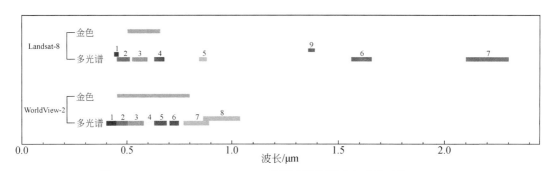

图 3-3　WorldView-2、Landsat-8 数据波谱范围对比（张斌等，2015）

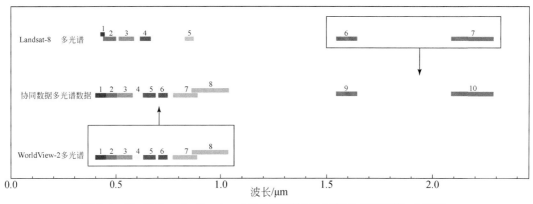

图 3-4　WorldView-2、Landsat-8 数据光谱协同方案图（张斌等，2015）

解译效果对比显示，单一 WorldView-2 遥感影像可解和可分性不强（图 3-5），而 Landsat-8 和 WorldView-2 协同影像中的层型和非层型影像单元间的界线清晰、色率差异更为明显（图 3-6），说明多光谱遥感数据和高分遥感数据间的这种互补效应有效提高了光谱反射特征相似岩性的分类和目视解译的精度。

图 3-5　WorldView-2 遥感影像图　　　　　图 3-6　Landsat-8 和 WorldView-2 协同影像图

9）高光谱遥感矿物填图

高光谱遥感影像包含丰富的空间、辐射和光谱三重信息，在传统二维图像的基础上增加了光谱维，让遥感技术发生了质的飞跃（王润生等，2010；孙卫东等，2010；毕晓佳等，2012）。高光谱遥感矿物填图主要通过矿物的光谱特征和特征谱带分析，使遥感地质由岩性识别发展到单矿物以至矿物的化学成分识别。高光谱方法填图，主要是通过识别矿物种类、确定矿物成分及估算不同矿物含量进行。

矿物种类识别：基本原理是高光谱遥感数据的光谱重建与矿物标准光谱或实测光谱的定量比对分析。从本质上可归纳为以重建光谱与标准光谱相似性度量为基础的光谱匹配方法和以矿物学与矿物光谱知识为基础的智能识别方法两大类型。光谱匹配方法是将重建光谱与参考光谱相比较，以某种测度函数度量它们之间的相似性或相关程度，从而对矿物进行识别的方法。智能识别方法是以矿物学和矿物光谱知识为基础，选取合适的具有诊断性的光谱特征或具有鉴别能力的光谱参量，结合专家系统方法建立识别规则，对矿物进行识别。王润生等（2010）根据矿物学和矿物分类学的知识，基于同类、同族的矿物在化学成分、晶体结构和光谱特征上都有不同程度的相似性，提出高光谱矿物分层谱系识别方法，该方法从总体上提高了矿物识别的可信度，并提高了处理的自动化水平和批量处理能力，取得了很好的效果。

矿物含量识别：该方法是根据测量光谱的某些特征，定性或定量地反演矿物在地质体中相对含量（丰度）的方法，其定量反演方法主要有基于诊断吸收谱带的深度、光谱混合分解和数理统计方法。研究表明，矿物特征谱带强度与矿物的含量基本呈线性相关，利用吸收谱带的强度变化可以近似估计矿物的相对含量；由于岩石光谱是组分矿物光谱的综合反映，而自然界矿物往往有其共生组合规律，混合像元分解在识别特定矿物的共生组合方面更具优势，是目前反演矿物丰度常用的方法。数理统计分析方法最常用的是回归分析和偏最小二乘回归分析，能起到"规一化"或"定标"的作用，在测量和分析大量样品的基础上，可将反演的"相对含量"转化为"真实含量"（王润生等，2010）。

矿物成分识别：研究表明，矿物光谱特征与矿物成分、结构的关系变化以及矿物形成时的温压等条件之间具有一定的相关关系，基于此，可建立一定的反演模型，通过矿物在某一波长附近的谱带位置反演出其成分或结构特征，进而分析其形成的温压条件，判断其成因。

10）基于 ASTER 热红外遥感数据的岩石化学填图

许多造岩矿物在热红外波段都具有各自的特征光谱，这些特征光谱是利用热红外遥感技术进行矿物分类及识别的基础。已有研究表明，矿物的热红外发射率波谱与矿物化学成分之间存在一定的相关性，而矿物是由一种或多种氧化物组成的，因此可在发射率光谱数据与矿物的氧化物之间建立起某种模拟函数关系（闫柏琨等，2006；陈江和王安建，2007；杨长保等，2009；刘道飞等，2015）。此外，由于热红外发射率光谱具有线性混合特征（Hamilton，2001），故可根据单矿物氧化物含量拟合出岩石中氧化物含量（闫柏琨等，2006）。美国亚利桑那州立大学地质系行星探索实验室建立的 ASU 红外光谱波谱库包含了大量矿物的波谱，并提供了与之对应的矿物氧化物含量数据，这为两者模拟函数建立提供了大量数据基础。而 ASTER 的 5 个热红外波段的波长范围在 ASU 红外光谱波谱库中均可选择出与其对应的（最接近）波数，因此可针对 ASTER 各种可能的波段比值与矿物氧化物含量进行统计学分析（如相关分析），建立两者之间的统计函数关系，进而根据已获取的 ASTER 热红外遥感数据计算出矿物中氧化物含量，达到岩石化学填图的目的。

以 SiO_2 为例，陈江和王安建（2007）选取出与 SiO_2 含量相关系数较大的几个 ASTER 的热红外波段比，即 E14/E12（相关系数为 0.49370，下同）、E13/E12（0.471548）、E14/E10（0.42359）、E13/E10（0.403759）。为了使这些波段与 SiO_2 含量的相关系数达到最大，对其重新进行波段组合。经过几种不同的组合试验，得出 E13×E14/（E10×E12）为最佳的波段组合，与 SiO_2 含量的相关系数达到 0.49885。运用最小二乘匹配法的对数函数进行数值模拟，其函数为 $w(SiO_2)=28.760503921704 \times \lg[6.560448646402 \times E13 \times E14/(E10 \times E12)]$，这样可以计算 ASTER 热红外遥感数据的发射率波段比值，利用上述公式计算出其相应的 SiO_2 含量。采用类似的方法同样可测出 Na_2O、K_2O、CaO、MgO、Al_2O_3 等氧化物的含量。闫柏琨等（2001）基于 ASTER 热红外遥感数据东天山黄山东地区 SiO_2 进行了定量反演，并利用地质图对反演结果进行了初步验证。反演结果显示，2 个低值区范围与地质图中中基性岩出露范围叠合很好，且反演得出的 SiO_2 绝对含量与各岩类的正常 SiO_2 含量相吻合。

事实证明，基于 ASTER 热红外遥感数据的岩石化学填图是可行的，尤其适用于人员无法到达的高山峡谷区填图工作。

（二）岩性、构造遥感地质解译

针对信息增强处理后的遥感数据，开展不同空间分辨率、光谱分辨率遥感数据地质解译，为遥感编图奠定基础。

1. 遥感地质解译方法

遥感地质解译一般分为目视地质解译和机助地质解译两种。

1）目视地质解译

目视地质解译就是研究如何利用遥感图像上的各种色调、形状、影纹及水系等标志，达到解译地质体的目的。通常包括直判法、延伸法、对比法、相关分析法、群体分析法等（程三友和许安东，2013），选用何种解译方法主要由解译任务、图像特点、地质构造复杂程度、解译条件与难易程度等综合因素所决定。

直判法是观察和利用地质体的各种综合标志，尤其是反映该地质体的典型影像特征，直接辨认、分析、圈定地质体，即直接通过遥感图像的解译标志，就能确定地质体的存在和属性的方法，对解译标志明显的地质体较为有效。

延伸法是根据地质体或者构造的时空展布特征、构造变形变位等规律，遵循由已知到未知的原则来延伸推断，圈定地质体或构造。

对比法为地质解译普遍采用的方法，常在下述两种情况中应用：一是当地质解译不具备典型的解译标志，不能用直判法解译时，可将待解译地质体与已知地质体进行影像对比，分析两者的异同点，来达到识别未知地质体的目的。在遥感地质调查中，将工作区出露的地层与本区或邻区已知影像地层单位进行影像对比，是解译区域岩性、地层行之有效的方法。二是动态对比，对比同地区不同时相的遥感图像，重点分析同一地质体或地物在不同时相图像上的影像差异，从而了解地质体的变化特点和发展趋势（程三友和许安东，2013）。

相关分析法指对不易直观识别的某些地质现象，通过与其相关的明显标志和内在联系来加以解释，这就需要根据已知的规律性认识和地学领域各学科的理论，通过逻辑推理和综合分析来推断其地质意义（程三友和许安东，2013）。

各类构造形迹常相伴成群出现，有的则以特定的排列组合形式表现出来。因此，解译时不仅要重视单个构造形迹的识别，还需进行群体分析。在实际解译过程中，选择解译方法时要根据具体情况灵活选用。

2）机助地质解译

凭借遥感图像处理软件与目视解译相结合的方法，如人机交互地质解译（程三友和许安东，2013）。一般有两种方式：一是以数字遥感影像为信息源，以各种遥感处理软件为解译平台，根据地质体遥感解译标志，解译圈定岩性、构造、接触关系等地质现象；二是以遥感影像为背景，叠合各种专题地质图层，结合典型地质体影像特征，进行对比修正解译。

解译之前要熟悉区域资料，分析研究前人对区域遥感地质解译成果的合理、可靠程度，弄清遥感资料能解决的地质问题或已解决及有待解决的地质问题。在遥感解译中，充分收集利用已有地质、物探、化探等资料进行综合解译分析，有助于提高成果质量。地物化遥多元信息的综合研究，常采用计算机多元信息叠加处理的方式来实现。

通过了解区域地质背景，将地层、岩石、构造、矿产、地貌等因素的内在联系看成一个整体，由整体到局部进行逻辑性推理判断，区分不同地质体或构造。

不同遥感数据时间分辨率、空间分辨率、光谱分辨率均不同，各有其主要的应用特色和对象，根据需要或现有条件最大可能收集不同类型遥感数据，进行综合地质解译，可提高地质解译的效率和精度。

遥感地质解译是一个反复修正的过程，在初步解译的基础上，通过野外检查验证后，确定标志的可靠性、代表性等。对于错误的或者代表性不强的解译标志，需要重新进行野外确定，建立影像单元与地质体的对应关系，完善地质解译标志，加以修正定稿。

2. 遥感地质解译标志建立

在遥感图像上，不同地物具有不同的特征，用来区分和识别不同地物或确定其属性的特定影像特征称为遥感地质解译标志。遥感地质解译标志的建立原则有以下几点：①代表性，解译标志必须是某一或某一类地质体影像标志，可作为区域解译的类比标准；②稳定性，解译标志必须具有一定的规模和相对清晰的边界，且延伸稳定；③重现性，解译标志必须满足同等技术人员解译建立的一致性。

按影像特征显示形式可分为色调（彩）、形态、影纹结构、地形地貌、水系类型等 5 种标志（方洪宾等，2010）。

（1）色调（彩）标志：不同地物反射、透射和发射不同数量和波长的能量，在影像上则呈现出不同深浅的黑白色调或不同色调、亮度和饱和度的色彩。色调（彩）是区分不同性质地质体的重要标志，色调（彩）不同，所反映的地质体属性不同，它通常以色斑、色团、色块、色带等特征显示（田淑芳和詹骞，2013）。

（2）形态标志：地质体的空间产出样貌，或在一定条件下的表现形式是区分不同地质体、构造的重要解译标志。通常划分为点、线、面三种形态。

点：按密度分为稀疏点状、密集点状、麻点状、斑点状。

线：按线状形态分为环线状（图 3-7a）、直线状（图 3-7b）、折线状（图 3-7c）、弧线状（图 3-7d）等形状。

面：按形态分为带状（图 3-7e）、块状（图 3-7f）、脉状（图 3-7g）、透镜状（图 3-7h）、不规则状等多种形态。

（3）影纹结构标志：又称为影像结构、影纹图案等。地物存在千差万别，因此图像上的影纹也是多种多样的，地物表面影纹结构组成的花纹图案可作为岩石类型细划、构造

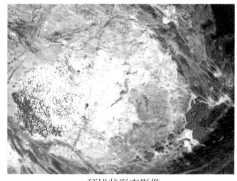

a. 环线状形态影像　　　　　　　　　　　　b. 直线状形态影像

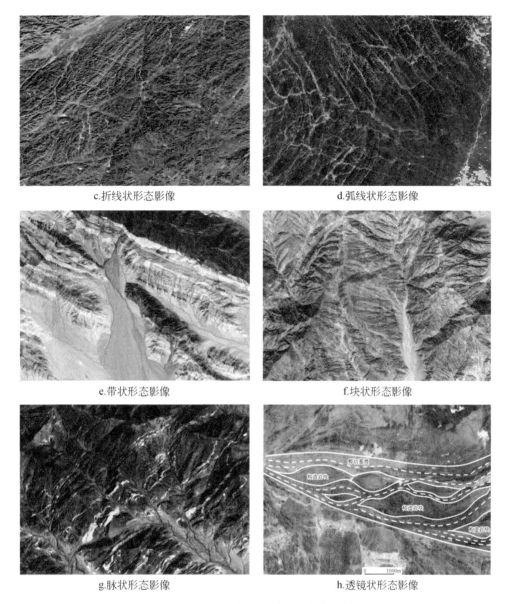

c.折线状形态影像　　　　　　　　　　　　d.弧线状形态影像

e.带状形态影像　　　　　　　　　　　　　f.块状形态影像

g.脉状形态影像　　　　　　　　　　　　　h.透镜状形态影像

图 3-7　不同类型遥感影像形态特征（李荣社等，2016）

信息提取与类型划分的重要解译标志。主要有层状影纹、非层状影纹、环状影纹、圈闭半圈闭影纹，以及斑点状影纹、斑块状影纹、网格状影纹。其中，森林、植被所形成的麻点状影纹，点的稀密、大小与植被覆盖程度有关；线性影纹互相穿插、切割所构成的影纹结构图形，是多组线状构造或线状地质体相互交切的影像显示。

（4）地形地貌标志：地形地貌是岩性、构造现象解译区分的重要标志，不同的地形地貌反映了地质体、构造属性的不同。包括以几何形态特征显示构造存在的几何形态标志，以地貌形态特征显示褶皱、断层及断陷等构造现象存在的构造地貌标志，以地貌单元突然变化显示断裂存在的地形地貌单元差异。

（5）水系类型标志：水系类型指同一水系系统内，各级水道在平面上组成的形态和轮廓。水系的平面形状一般都具有一定的图形，水系类型的划分主要依据图像的形状来命名（图 3-8）。每种水系都反映了一定的地质构造环境，与岩性、构造、岩层产状和地形有密切关系。此外，水系对新构造运动反应灵敏，水系类型、疏密程度、流向等特点受断裂、线性构造的影响和控制比较明显，水系解译也是构造解译的重要技术手段。

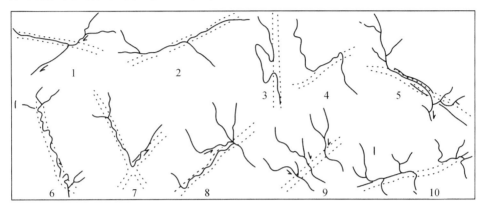

图 3-8　几种受构造控制的水系类型形态示意图（田淑芳和詹骞，2013）

1. 倒钩河；2. 对口河；3、4. 河道急弯；5. 深直峡谷；6. 深直宽谷；7. 直角转弯；8. 异常汇流；9. 同步潜流（伏流）；10. 同步转弯

3. 遥感解译标志的确认

室内解译标志建立后，可与以往资料对比，初步确认遥感地质解译标志建立的合理性。在可通行的地区选择 2～3 条贯穿各类影像标志的路线，验证解译标志的完整性和正确性，并对遥感解译标志予以确认。然后对遥感解译标志存在误差的地质体通过完善、补充和修正后加以确认，并对解译标志完全错误的地质体重新建立标志。

（三）多源遥感数据综合研究及影像单元建立

1. 多源遥感数据综合研究

由于一种类型遥感图像只能反映一个时期、一种分辨率的图像，不同遥感数据的空间分辨率、波谱分辨率和时间分辨率不同，既有其主要的应用对象和特色，又有其实际应用中的局限性，地质调查过程中应结合测区地质特征，将各种遥感数据进行综合解译，借助于各种不同类型传感器的不同波谱通道获取地物反射和辐射特征的差异来区分不同地物，以达到多种数据源相互补充、相互印证的目的。

例如，新疆 1 ∶ 5 万喀伊车山口等三幅高山峡谷区填图试点项目选用 WorldView-2、SPOT6、WorldView-3 三种数据综合岩性、构造解译。调查区主要岩性为（生物碎屑）灰岩，反射波谱影响因子差异不大。因此，地质调查过程中主要使用 WorldView-2 开展详细的岩性、构造解译及产出状态判定，利用 SPOT6 数据研究岩性地层的空间展布、组合规律、构造样式等。局部岩性、构造复杂的地区采用 WorldView-3 数据，对岩性层间及其空间关系等进行精细的识别（图 3-9）。

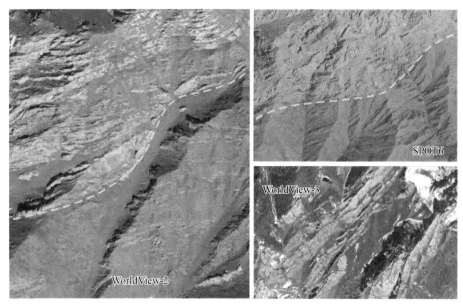

图 3-9　新疆乌什北山 SPOT6、WorldView-2、WorldView-3 遥感数据综合岩性解译

此外，由于太阳高度角、卫星轨道及高山峡谷区地形起伏的影响，图像中往往包含阴影，特别是高分数据表现更为明显，从而增加了地物识别、影像配准和图像分割的难度。早期利用阴影区域的亮度值比非阴影区亮度值低的性质，遥感学家提出基于同态滤波的检测方法、多波段检测方法、Otsu 阈值算法和区域统计信息补偿法等消除阴影（Etemadnia and Alsharif，2003；虢建宏等，2006；高贤君等，2012；邓琳等，2015）。然而，这些方法容易将低亮度的地物误检测为阴影或需要阴影区本身特征比较明显才能得到较好的阴影补偿结果。最近，研究者探索出高分辨率遥感影像阴影检测与补偿优化方法，有效解决了上述问题（邓琳等，2015）。因此，高山峡谷区在填图过程中购买遥感数据时需充分考虑图像的时相，按照阴影检测与补偿优化方法消除阴影。

2. 影像单元建立

以特征色彩组合、影像结构、几何图形、地形地貌、水系类型等影像特征展示出的可分影像标志体称为影像单元（方洪宾等，2002，2010）。按照影像单元解译、建立过程中可分、可解程度，划分出工作区的高等、中等及低等三个级别解译程度区，为野外地质踏勘和地质调查路线布置服务，不平均使用工作量，解译程度较高的影像单元投入的工作量相应减少，反之相应增加。高等解译程度区的地质体影像单元特征明显，区域稳定，具一定规模，边界划分准确，具可对比性、可解性和可分性，可直接作为填图单元；中等解译程度区的地质体影像单元特征比较明显，具有一定规模，边界具多解性，需要经野外查证方可作为填图单元；低等解译程度区的地质体影像特征复杂，不同性质地质体区分比较困难，为一种混合影像单元区。不能作为填图单元，必须经野外地质调查而确定填图单元归属。

影像单元分级是指按其信息组合规律从大到小分解为不同等级的影像单元，用来表征地质体属性的内在联系和变化规律。实际划分意义是为填图单位的厘定提供依据。按照常规填图单位的划归级别可将影像单元划分为三级（方洪宾等，2010）。一级影像单元反映的是宏观影像分区，主要基于结构－形态组合差异而建立，如层形、非层形影纹结构。例如，沉积岩区、变质岩区、岩浆岩区具有完全不同的影像特征。二级影像单元是在一级影像单元划分基础上，以单一色彩、色带组合、影纹结构组合、特征地形地貌、水系类型影像差异和变化规律为特征，是"群""组"级填图单位划分的依据。三级影像单元为最低级别的影像单元，是二级影像单元的细划，为"段"级填图单位划分的依据。标志影像单元是指区域延伸稳定，影像特征明显，边界清晰，具有可解性、可填性和可对比性的影像单元，为填图单元、非正式填图单元等建立的标志。

（四）地球物理资料研究与利用

地球物理手段，如航磁、重力等往往能够探测到地下一定深度的地质信息，因此多用来研究区域性构造、深部构造、较大地质体边界、隐伏岩体、火山岩等。在高山峡谷区填图过程中，地球物理手段可弥补遥感技术的不足，为地质填图提供深层次的地质依据。但由于不同的地质体可以有相同的地球物理场，故造成物探异常推断的多解性。

根据异常表现出的（正、负）外貌特征、形态、强度、梯度变化以及它们之间的组合分布特点，并分析位场转换、异常分离和弱信息提取等处理结果，在此基础上完成以下方面地质解析：①推断岩石磁性或密度界面（线），圈定出不同岩性或地层的分布范围；②识别隐伏磁性体存在，并判断其产状特征；③判断线性构造存在及其相互关系，并根据不同方向断裂交叉关系和完整清晰程度，推断它们的先后顺序；④筛选异常，指示找矿线索。

（五）地球化学资料研究与利用

地球化学手段可揭示天然物质（如岩石、疏松覆盖物、水系沉积物、水、生物与空气）中成矿元素和指示元素的含量、分布、分散和集中等规律，也可指导地质找矿或勘探工作。高山峡谷区穿越条件极差，大部分地区人员难以到达，根据少数易到达地区采样点上的资料（特别是水系沉积物地球化学勘查），大概了解难以到达区域（如广大水系中上游区域）的指示元素和成矿元素的含量及其分布特征，在此基础上结合遥感矿化蚀变信息，通过少量路线地质调查与验证来圈定找矿有利地段，为区域成矿地质背景研究及成矿规律总结提供资料支撑。

（六）多光谱遥感数据矿化蚀变信息提取

矿化蚀变信息是重要的找矿标志，矿化蚀变岩石和矿物的波谱特征与其他地物的波谱特征有明显差异。因此，遥感矿化蚀变信息提取是最为快捷有效的方法之一。研究认为ASTER、TM/ETM等多光谱遥感数据可识别的蚀变矿物主要分为三类：①铁的氧化物、氢氧化物和硫酸盐，包括褐铁矿、赤铁矿、针铁矿和黄钾明矾；②羟基矿物，包括黏土矿物和云母；③水合硫酸盐矿物和硫酸盐矿物（田淑芳和詹骞，2013）。

目前，基于ASTER、TM/ETM等多光谱遥感数据的矿化蚀变信息定量和半定量提取方面已形成相对完善的技术方法体系，如主成分分析法、光谱角分析法、微量信息处理法、掩膜＋主成分变换＋分类识别法、混合像元分解法、基于 TM 波段图像亮度值曲线的双峰特性提取蚀变信息、多层次分离技术法、多元数据分析＋比值分析＋主成分分析＋分类识别法、基于光谱特征区间吸收峰值权重的光谱蚀变信息提取法等（赵元洪和张福祥，1991；何国金等；1995；马建文，1997；刘庆生等，1999；张远飞等，2001；张玉君等，2002；罗一英等，2013；张媛等，2015）。近年来，在星载、机载高光谱遥感蚀变矿物识别和异常提取方法、模型建立等方面也取得了丰硕的成果，对分析蚀变矿物组合和蚀变相、定量或半定量估计相对蚀变强度和蚀变矿物含量、圈定矿化蚀变带和找矿靶区等均具有重要作用。然而，目前常用的为波段比值分析法、主成分分析法及光谱角分析法。

美国 ETM+ 数据地面分辨率多波段为 30m，全色波段分辨率为 15m，波段融合后图像分辨率达 15m，是区域地质解译和反映地面景观的良好信息源，能够快速高效地进行区域遥感解译及蚀变信息提取。ASTER 数据与 ETM+ 数据相比，空间分辨率和光谱分辨率均有较大提高，除设置可见光与红外波段外，还设置有 6 个短波红外波段和 5 个热红外（8 ～ 12μm）波段，短波红外可对氢氧化物、碳酸盐、硫酸盐、含 Al-OH 基团矿物、含 Fe-OH 基团矿物、含 Mg-OH 基团矿物等蚀变矿物进行有效的区分，热红外谱段能够提取硅酸盐类矿物（表 3-1）。统计表明，ASTER 数据采用不同的波段比值可提取不同的蚀变矿物（表 3-2 和表 3-3）。

表 3-1　ASTER 数据波段范围与可识别矿物对照表

波段	波段范围 /μm	可识别矿物
可见光—近红外	0.40 ～ 1.20	Fe、Mn 和 Ni 的氧化物、赤铁矿、镜铁矿
短波红外	1.3 ～ 2.50	氢氧化物、碳酸盐和硫酸盐
	1.47 ～ 1.82	硫酸盐类：明矾石
	2.16 ～ 2.24	含 Al-OH 基团矿物：白云母、高岭石、叶蜡石、蒙脱石、伊利石
	2.24 ～ 2.30	含 Fe-OH 基团矿物：黄钾铁矾、锂皂石
	2.26 ～ 2.32	碳酸盐类：方解石、白云母、菱镁石
	2.30 ～ 2.40	含 Mg-OH 基团矿物：绿泥石、滑石、绿帘石
热红外	8.0 ～ 12.0	硅酸盐类：石英、长石、辉石、橄榄石

表 3-2　ASTER 数据蚀变信息提取比值列表

	红	绿	蓝
植被和可见光波段	3、3/2 或 NDVI	2	1
铝羟基矿物 / 高级泥化蚀变	5/6	7/6（白云母）	7/5（高岭石）
黏土、闪石、红土	（5×7）/6^2（黏土）	6/8（闪石）	4/5（红土）
铁帽、蚀变、围岩	4/2（铁帽）	4/5（蚀变）	5/6（围岩）
铁帽、蚀变、围岩	6（铁帽）	2（蚀变）	1（围岩）

	红	绿	蓝
去相关	13	12	10
硅化、碳酸盐化	（11×11）/10/12（硅化）	13/14（碳酸盐化）	12/13（基础）
硅化、碳酸盐化	（11×11）/（10×12）（硅化）	13/14	12/13
硅化	11/10	11/12	13/10
填图识别	4/1	3/1	12/14
富硫化物地区识别	12	5	3
识别	4/7	4/1	（2/3）×（4/3）
识别	4/7	4/3	2/1
硅化、二价铁	14/12	（1/2）+（5/3）	MNF变换后的第一波段
构造信息增强	7	4	3

表 3-3　ASTER 数据蚀变信息比值法列表

特征矿物	波段比值方法	备注
含铁矿物		
三价铁离子矿物	2/1	
二价铁离子矿物	5/3+1/2	
红土	4/5	
铁帽	4/2	
硅酸盐铁	5/4	同样用于铁氧化物和铜–金蚀变
铁氧化物	4/3	可能会有其他矿物混淆
碳酸盐/镁铁质矿物		
碳酸盐矿物/绿泥石/绿帘石	（7+9）/8	
绿帘石/绿泥石/角闪石	（6+9）/（7+8）	夕卡岩内部
角闪石/镁羟基矿物	（6+9）/8	可能是镁羟基矿物或碳酸盐矿物
角闪石	6/8	
白云石	（6+8）/7	
碳酸盐矿物	13/14	夕卡岩外围（灰色/白云石）
硅酸盐矿物		
绢云母/白云石/伊利石/蒙脱石	（5+7）/6	绢云母化蚀变
明矾石/高岭石/叶蜡石	（4+6）/5	

续表

特征矿物	波段比值方法	备注
硅酸盐矿物		
多硅白云母	5/6	
白云母	7/6	
高岭石	7/5	近似
黏土	$(5×7)/6^2$	
蚀变	4/5	
围岩	5/6	
二氧化硅		
富含石英的岩石	14/12	
特征矿物	波段比值方法	备注
石英	$(11×11)/10/12$	
石榴子石 / 单斜辉石 / 绿帘石 / 绿泥石	12/13	夕卡岩外围蚀变（石榴子石、辉石）
二氧化硅	13/12	同 14/12
二氧化硅	12/13	
硅质岩	$(11×11)/(10×12)$	
二氧化硅	11/10	
二氧化硅	11/12	
二氧化硅	13/10	
其他		
植被	3/2	
NDVI 植被指数	$(3-2)/(3+2)$	归一化植被指数（NDVI）

（七）多元信息综合找矿

遥感矿化蚀变信息提取可为区域找矿提供依据，指明找矿方向和成矿有利地段，但存在一定的不确定性。矿化线索的发现仍需其他方法佐证，如利用化探、物探、地质等资料对遥感矿化蚀变信息进行综合分析，"去伪存真"，从而达到"迅速掌握全局、逐步缩小靶区"的目的。此外，将化探、物探等数据与遥感数据融合或叠合，归纳总结找矿规律，甄别、筛选成矿有利地段的方法已得到验证（周军等，2005；刘磊等，2008）。

高山峡谷区的大部分地区人员难以到达，野外异常查证困难，多元信息综合分析显得尤为重要。例如，新疆乌什北山项目在填图过程中开展遥感矿化蚀变信息提取，将各种蚀变矿物叠加成矿化蚀变异常总图，综合地质、物探、化探等资料，筛选矿化蚀变信息，综合推断找矿有利地段（图 3-10）。通过野外异常查证，发现矿化蚀变线索若干处。

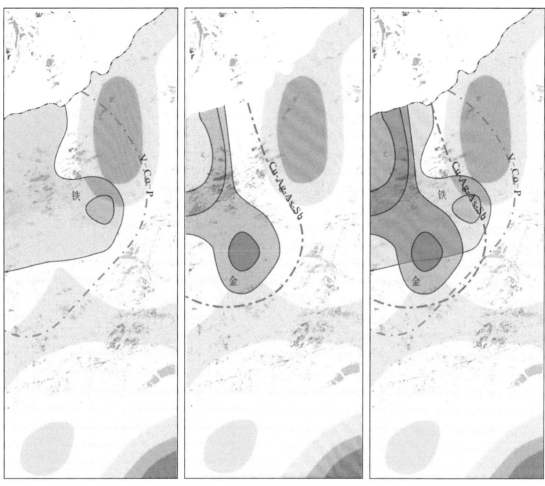

a.矿化蚀变信息、地球物理、 b.矿化蚀变信息、地球物理、 c.矿化蚀变信息、地球物理、
铁地球化学异常叠加图 金地球化学异常叠加图 铁和金地球化学异常叠加图

图 3-10 矿化蚀变信息、地球物理、地球化学异常叠加图

（八）轻小型飞行器航摄技术利用

轻小型无人机是飞行器中常见的种类之一，因其获取影像机动灵活、环境适应性强、影像分辨率高、成本低等优势，成为传统航摄手段的有效补充。一套完整的轻小型无人机航摄系统主要由系统硬件和系统软件两部分构成。与传统航摄相同，无人机数码航摄需要进行航线设计、航摄飞行、质量检查、补飞或重飞、像控测量等步骤。不同的是，无人机航摄的航线设计由于面积小，故无须考虑地球曲率的变化；航摄质量的检查在航摄现场就能完成，无须冲印相片；在某些特定条件下，像控测量工作须首先制作全区域快速镶嵌图，如在青藏高原等地开展无人机航摄作业须使用快速拼图辅助像控点布设，使用电子像片刺点等（毕凯等，2015）。在高山峡谷区岩性、构造复杂的地段或者地质体接触关系不清的

部位使用无人机航摄技术获得地物信息，弥补了一般遥感数据难以捕捉的细节信息。此外，还可使用搭载摄像头的四轴飞行器或者六轴飞行器等，实现在空中对视频数据的采集和传输，控制电机达到所需要的飞行姿态，采集不同空间位置的地质信息，及时通过上位机进行画面预览及视频保存，大大提高工作效率和研究程度。

（九）剖面测制

地质剖面是区域地质填图的基础，也是建立填图单位的主要途径和重要方法。高海拔、深切割、人员难以到达的地区，难以按照常规填图规范要求开展剖面测制工作。高山峡谷区应在前期详细的遥感解译（测区及邻幅）的基础上，开展适量的剖面测制，尽量保证测区所有填图单位均有所控制。针对高山峡谷区岩石露头实际，剖面位置的选择可根据实际情况进行确定。可通行的地区原则上应尽量选择在填图范围内布设实测剖面控制；受通行条件限制，测区剖面无法控制的填图单位，可在邻幅相邻地段、相同的地层或构造分区进行测制（图 3-11）；无法测制剖面的地区，应采用路线地质剖面代替实测地质剖面（图 3-11）。此外，可采用影像单元剖面法，以影像单元为调查单位，剖面尽量安排在影像单元齐全的地段，若交通不便或无法达到，可分段选线进行控制，保证每个影像单元均有剖面控制（图 3-11）。

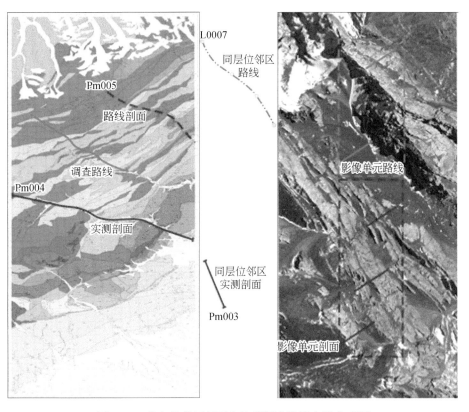

图 3-11　高山峡谷区剖面和地质调查路线布设方式图

（十）路线地质调查

路线地质调查是常规区域地质调查过程中最基本的方法，也是高山峡谷区填图过程中最重要的方法。通过系统连续的地质路线观测，控制各填图单位边界，调查各地质体或者构造横向或纵向上的变化规律，查明填图单位划分的合理性，任何技术方法和调查手段均不能代替。然而，路线地质调查技术规范、精度要求等在高山峡谷区大部分地区无法实施。高山峡谷区路线地质调查可采用如下方法：

（1）根据遥感解译程度和地质地貌特征，灵活布置地质调查路线，不平均使用工作精度，即"遥感解译程度 - 地质 - 地貌"引导地质调查路线的部署；

（2）高山峡谷区试点填图仍采取数字填图技术，但 PRB 过程（数字填图过程；P，地质点；R，点间界线；B，地质界线）不再机械使用，高差较大的地区可采用地质点控制地质界线和构造，根据需要随机定点，野外现场连图；

（3）测区若无法开展路线地质调查，在邻幅相邻地段、相同的地层或构造分区进行（图 3-11）；

（4）采用影像单元路线法，地质调查路线尽量安排在影像单元齐全的地段，若交通不便或无法到达，仍可分段选线进行单元控制（图 3-11）；

（5）可穿越地区布设系统观测路线和检查路线。观测路线要尽量选择可穿越的沟谷，控制各类地质体、矿化体及其间的重要接触界线，研究影像单元与地质单元的对应关系。针对区内一些重大地质和矿产问题的解决、填图单位划分对比或地质连图中出现的问题等，根据实际需要和通行条件布置相应的检查路线和观测点。

第四节　地质填图过程

高山峡谷区地质填图过程同样遵循区域地质调查技术要求规定的预研究、野外调查、综合研究与成果编制、成果提交与资料汇交等工作程序。以下主要叙述成果提交前 3 个阶段的工作。

一、预研究

预研究阶段的工作包括资料收集与评估、野外核查、综合分析与设计书编制。

（一）资料收集与评估

依据任务和解决的关键地质问题，有侧重地收集以下资料：工作底图、自然地理与社会经济、基础地质、遥感、物探、化探、科研成果。之后，需要对收集的资料分类整理，评估资料的可靠性及质量，编制资料目录，建立资料档案；将可用的资料和提取的信息配准到数字区域地质调查系统中，供后期工作使用。区域地质矿产调查资料、实物资料、科研资料及各类测试数据是最系统、全面的基础地质资料，也是区域地质调查、地质图件编制的基础，突出前人对测区地层、构造、岩石和矿产的基本认识和地质事实依据。局部性、矿区及异常区的物探资料主要用于异常的查证和指导找矿等。高山峡谷区大部分地区人员难以到达，地球物理资料的使用（特别是航空磁测和区域重力）也是填图的重要手段之一。区域化探资料主要应用于地质找矿，也是区调工作的重要信息源。对收集的化探资料，要分析研究化探异常分布规律、元素组合规律及与物探异常关联对比等，结合异常区地质背景和成矿条件，以及地表矿（化）点、蚀变带空间分布特征等，对化探异常进行查证、定性解释和分类排序，提出进一步开展矿产调查工作的建议。

由于高山峡谷区的特点，以下重点介绍遥感资料收集与分析的注意事项。

遥感信息具有宏观性、综合性、翔实性、客观性和时空变化多层性等特点。因而，遥感地质解译是地质填图过程中重要的手段之一，也是高山峡谷区（基岩裸露区）地质调查的主要技术方法。

（1）收集之前应系统地了解各类遥感数据的波谱区间、空间分辨率、光谱分辨率、时间分辨率等技术参数（表 3-4），以便最大限度地利用遥感数据，提取地质要素信息。空间分辨率、光谱分辨率为图像优选的主要依据，时间分辨率在植被、冰雪覆盖区具有重要意义。

（2）原始的遥感图像通常有少量的条带、噪声和云层覆盖。因此，数据收集前应检查数据的质量，云、雾分布面积一般应小于图面的 5%，图像的斑点、噪声、坏带等应尽量少。

（3）根据调查区地质地貌特征及实际需求收集遥感数据，岩性、构造解译以收集空间分辨率高的遥感数据为主。

（4）结合调查区地质地貌特征和现实条件，在岩性、构造复杂或成矿有利地段，收集星载高光谱 Hyperion 数据或 HyMap 机载成像光谱数据进行高光谱遥感矿物填图和岩性识别。

（5）在找矿远景区须系统提取矿化蚀变信息和与成矿关系密切的矿化蚀变信息异常，圈定遥感找矿靶区，为研究成矿地质背景与成矿地质条件提供资料。矿化蚀变信息提取以多光谱和高光谱数据为主，目前主要收集多光谱 ASTER 数据开展矿化蚀变信息提取，现实条件允许的情况下可收集高光谱遥感数据。

（6）选定的遥感数据需经过预处理、几何纠正、图像增强、数字镶嵌等过程，制作遥感影像图。1：5 万地质填图需采用 1：2.5 万遥感图像作为野外数据采集的背景图层。根据需求选择不同波段制作假彩色图像，波段之间配准误差应在 0.20nm 以下。相邻景图像之间应有不小于图像宽度 4% 的重叠。为了保持整幅图像色调的一致和协调，应尽量选用季节相近的图像，且尽量保证图像信息丰富、影像清晰、反差适中、色调均匀。

（二）野外核查

资料收集与评估之后，应进行野外核查与踏勘。从整体上对各地质实体组成、时空展

表 3-4 不同分辨率卫星主要参数

卫星	ETM	ASTER	SPOT5	SPOT6	QuickBird	GeoEye-1	WorldView-2	WorldView-3
轨道高度/km	705	705	822	695	450	684	770	617
扫描带宽/km	185	15	60	单景	16.5	15.2	16.4	13.1
空间分辨率/m	30	15	多光谱：10 全色：2.5	多光谱：6 全色：1.5	多光谱：2.44 全色：0.61	多光谱：1.64 全色：0.41	多光谱：1.84 全色：0.46	8谱段多光谱：1.2 全色：0.31
光谱范围/nm	蓝：450～515 绿：525～605 红：630～690 近红外： 750～900 Pan（全色波段）： 520～900 短波红外： 1550～1750 热红外： 10400～12500 短波红外： 2090～2350	可见光—近红外： 1: 520～650 2: 630～690 3N: 780～860 3B: 780～860 短波红外： 4: 1600～1700 5: 2145～2185 6: 2185～2225 7: 2235～2285 8: 2295～365 9: 2360～2430 热红外： 10: 8125～8475 11: 8475～8825 12: 8925～9275 13: 10250～10950 14: 10950～11650	绿：90～610 红：10～680 近红外： 780～890 短波红外： 1580～1750 全色：450～690	蓝：450～520 绿：530～590 红：620～690 近红外： 760～890 全色： 450～750	蓝：450～520 绿：520～600 红：630～790 近红外： 760～900 全色： 450～900	蓝：450～510 绿：510～580 红：655～690 近红外： 780～920 全色： 450～800	海岸：400～450 蓝：450～510 绿：510～580 黄：585～625 红：630～690 红边：705～745 近红外1： 770～895 近红外2： 860～1040 全色：450～800	海岸带：400～450 蓝：450～510 绿：510～580 黄：585～625 红：630～690 红边：705～745 近红外1：770～895 近红外2：860～1040 SWIR-1: 1195～1225 SWIR-2: 1550～1590 SWIR-3: 1640～1680 SWIR-4: 1710～1750 SWIR-5: 2145～2185 SWIR-6: 2185～2225 SWIR-7: 2235～2285 SWIR-8: 2295～2365

布、叠置关系、地质构建类型、复杂程度等进行概略了解，对工作区前人填图单位的划分、已取得的地质矿产成果等初步验证和修正，分析存在的主要地质问题。初步建立遥感解译标志及填图单位，进一步确定主体遥感解译数据类型。初步掌握区域自然地理、地形地貌、通行条件、人文经济等，从整体上了解调查区地质概况和工作条件，选定野外调查期间的主要工作基站，明确野外调查的工作重点和工作内容。野外核查、踏勘包括如下内容与要求。

（1）针对不同类型地质体及构造，选择可穿越的沟谷进行路线踏勘，踏勘路线应以穿越地质体最多、地质构造复杂的路线为主。原则上每幅图应有 1～2 条贯穿全图幅的踏勘路线，若工作区穿越性很差，可在邻区相同构造层位或者构造分区进行踏勘。初步建立调查区填图单位，并采集必要的岩矿样品，进行鉴定和测试分析。

（2）踏勘路线应尽量布置在影像单元（以特征色彩组合或地形地貌、水系类型、影纹结构等影像特征展示出的可分影像标志体）发育齐全的地段。若交通不便或无法到达，可分段选线进行单元控制，达到每个影像单元至少有 1 条踏勘路线控制，模糊影像单元至少有 2 条踏勘路线控制，主要线带影像单元均需有点和线的控制。查明影像单元与沉积岩、火山 - 沉积岩、火山岩、侵入岩、变质岩、构造等之间的对应关系、差异规律等。

（3）依据通行条件，野外踏勘以能穿越代表性矿化带、蚀变带、构造带的路线为主。重点地段原则上应进行全面踏勘，适当采集具有代表性的岩矿标本，进行必要的岩矿鉴定或快速分析测试，了解矿化特征和成矿地质背景。

（4）对调查区已知的、不同类型的矿化线索，依据通行条件选择其中代表性的矿化线索进行实地踏勘。详细了解矿化特征、成矿地质背景、工作程度及以往矿产地质调查工作中存在的问题等。

（5）踏勘过程中，对区内人文、地理、气候、交通等方面进行适当了解，为年度工作安排和整体工作部署提供依据。

（6）在对现有资料综合分析研究的基础上，结合实地踏勘，进行遥感二次解译，完善遥感解译标志。分析不同填图单位的岩石类型、岩石组合及构造变形特征等，梳理调查区存在的主要地质矿产问题。

（三）综合分析与设计书编制

对收集的资料进行综合分析，总结已有工作成果，明确调查区工作需求和存在的主要地质矿产问题，确定资料可利用程度和工作重点。借鉴国内外遥感数据处理和应用的最新方法，结合区域地质背景和地形地貌特征，创新遥感数据融合方式、提高遥感技术方法的针对性和解决问题的有效性。

另外，需明确工作区存在的主要基础地质问题，确定科学目标。在野外核查的基础上，基于已有的各种地质调查资料，初步梳理测区地质填图的单元，结合遥感解译，编制地质草图。根据调查区岩石、岩石组合、构造、矿化等基本特征，开展遥感图像二次解译，重新编制或修编遥感解译图像。

基于以上工作，确定重点调查区，明确调查内容、工作量安排、工作方法和预期成果，编写工作设计书，编制设计地质图。

二、野外调查

（一）有效技术方法组合的选择

高山峡谷区通行条件较差，野外地质调查路线和剖面数量有限，要结合测区地质地貌条件和地质特点，选择有效的技术方法，保证地质填图的精度，形成面对多目标的服务成果是填图的根本目的。针对不同的地质地貌特征，有针对性地选择有效的技术方法组合，提高地质调查成果质量。

1. 沉积岩区技术方法组合

若调查区沉积岩色调、形态、影纹、水系等解译标志明显，遥感影像单元边界清晰，可选用有效技术方法组合为遥感信息增强（图像数据特征分析法/比值组合法/主成分分析法/HIS 彩色空间变换法）+岩性和构造地质解译+剖面测制+路线地质调查（图 3-12）。

若沉积岩解译标志不明显，岩石颜色、结构、构造等差异不大，需要选择可降低光谱间的相关性、扩大物体的色调差异、突出地物细节的技术方法，其技术方法组合为遥感信息增强+多源遥感数据综合研究+岩性和构造地质解译+剖面测制+路线地质调查。

2. 岩浆岩区技术方法组合

若调查区岩浆岩色调、形态、影纹、水系等解译标志明显，遥感影像单元边界清晰，可选用有效技术方法组合为遥感信息增强+岩性和构造地质解译+剖面测制+路线地质调查（图 3-12）。

若岩浆岩解译标志不明显，技术方法组合为遥感信息增强+多源遥感数据综合研究+岩性和构造地质解译+地球物理资料利用+剖面测制+路线地质调查。

若岩浆岩分布地区人员无法到达、无法验证，可增加基于 ASTER 热红外遥感数据的岩石化学填图的技术方法。

3. 变质岩区技术方法组合

若调查区变质岩色调、形态、影纹、水系等解译标志明显，遥感影像单元边界清晰，可选用有效技术方法组合为遥感信息增强+岩性和构造地质解译+剖面测制+路线地质调查。

若变质岩解译标志不明显，技术方法组合为遥感信息增强+多源遥感数据综合研究+岩性和构造地质解译+地球物理资料利用+剖面测制+路线地质调查。

若需研究变质矿物种类或者分布情况，可增加高光谱遥感矿物填图。

4. 构造调查技术方法组合

褶皱、断层、节理等构造形迹在遥感信息增强图像上解译标志一般较为明显，可选用高分辨率和多光谱遥感数据协同岩性分类，突出地质体边界、研究构造的类型及性质等。配合使用多源遥感数据综合研究，从不同视域和角度分析不同规模、不同类型的构造（图 3-12）。隐伏构造研究可增加地球物理资料的利用。若需突出不同构造期次的线性构造，采用线性体自动提取功能分析线性构造的空间展布及截切关系。此外，与构造变形密切相关的蛇绿构造混杂岩带往往是解译的难点，由于经历多期变形变位，多期变质作用、岩浆作用叠加，一般解译标志不明显，影像单元边界不清。可先通过实地调研混杂岩带的主体岩性，采用相应岩石类型图像增强方法进行处理和解译。

5. 矿产资源调查技术方法组合

高山峡谷区地质填图中矿产资源调查技术方法组合为地球物理资料利用＋地球化学勘查资料利用＋矿化蚀变信息提取＋路线地质调查（图 3-12）。通过技术方法组合初步掌握区域矿化类型、成矿条件、代表性矿化的空间分布特征、控矿因素及成矿地质条件，对于新发现的矿化线索，分析形成这些矿化信息的地质背景（地层、岩性、岩浆作用、变质作用）、构造条件等。

（二）剖面类型、研究内容及精度要求

高山峡谷区剖面测制的前提条件为调查区存在可穿越的沟谷或可通行的地区。剖面类型主要分为沉积岩剖面、火山岩剖面、侵入岩剖面、变质岩剖面、构造混杂岩剖面、地质构造剖面、矿化（体）带剖面等。不同剖面实测方法、精度、记录内容及样品采集等按照《区域地质调查技术要求（1 : 50000）》（DD 2019—01）、《覆盖区区域地质调查技术要求（1 : 50000）》（DD 2021—01）执行。测制剖面过程中要加强遥感数据研究（如遥感数据 HIS 彩色空间变换法）；查明遥感解译标志的正确性及影像单元所代表的岩石、岩石组合类型、不同地质体界面性质等，验证所选择的技术方法的有效性和适用性。

（三）路线地质调查

高山峡谷区开展路线地质调查的前提条件为调查区存在可穿越的沟谷或可通行的地区。野外工作中验证遥感解译标志的正确性、技术方法的有效性和适用性，确定不同地质体的影像特征，调查内容、记录内容及样品采集等按照《区域地质调查技术要求（1 : 50000）》（DD 2019—01）、《覆盖区区域地质调查技术要求（1 : 50000）》（DD 2021—01）执行。在可调查路线稀少的区域，可以结合岩石裸露区遥感及野外调查建立起来的遥感影像特征，采用遥感解译路线进行地质填图。

三、资料整理、综合研究与成果编制

野外调查过程中和结束后，需及时高效规范地进行资料整理。特别注意加强遥感影像资料的不断分析研究，改进不同地质体的影像特征，以便在后续的填图过程中改进。

成果图件和报告编制、数据库建设按《区域地质图图例》（GB/T 958—2015）、《地质图用色标准及用色原则》（DZ/T 0179—1997）、《地质信息元数据标准》（DD 2006—

序号	技术方法		沉积岩	岩浆岩	变质岩	构造	特殊地质体	矿产	应用方向
1	遥感信息增强	图像数据特征分析法	●	●	●				选择最佳波段组合，增大图像信息量，提高相似岩性区分能力
		比值组合法	●	●	●				扩大物体的色调差异，突出构造和岩性特征，区分容易混淆的岩性
		主成分分析法	●	●	●				减小多光谱间的相关性，提高图像的空间分解能力及清晰度
		HIS彩色空间变换法	●	●	●				降低多光谱间的相关性，提高图像的空间细节表现能力
		光谱剖面法					●		建立基于光谱知识的提取模型，进行特殊信息提取
		掩膜技术	●		●				减小相邻地物的不利影响
		线性体自动提取				●			突出线性地质体或构造
		高分和多光谱遥感数据间的协同岩性分类	●	●	●	●	●		遥感数据间“互补效应”，提高相似岩性的分类和目视解译的精度
		图像最优多级密度分割	●		●			●	将图像的灰度级作为有序量，提取岩性信息、矿化蚀变信息
		高光谱遥感矿物填图			●			●	区分出不同的矿物种类，圈定矿化蚀变带，恢复成岩成矿历史
		基于ASTER热红外遥感数据的岩石化学填图		●					氧化物含量及含量分布图，反演岩性
2	岩性、构造遥感地质解译		●	●	●	●	●		岩性、构造识别，类型、成因分析
3	多源遥感数据综合研究及影像单元建立		●	●	●	●	●		不同遥感数据优势互补，突出岩性及构造
4	地球物理资料研究与利用			●	●	●	●	●	隐伏岩体、隐伏断裂、基底构造、火山岩相等地质体识别
5	地球化学资料研究与利用							●	异常类型、分布范围，找矿方向研究
6	矿化蚀变信息提取							●	异常类型、分布范围，找矿标志
7	多元信息综合找矿							●	综合推断找矿有利地段
8	轻小型飞行器航摄技术利用		●	●	●	●	●	●	机动、灵活，弥补遥感技术难以捕捉的细节信息
9	剖面测制		●	●	●	●	●	●	
10	路线地质调查		●	●	●	●	●	●	

图3-12　高山峡谷区不同调查对象有效技术方法组合

05）、《数字地质图空间数据库标准》（DD 2006—06）、《地质数据质量检查与评价标准》（DD 2006—07）、《覆盖区区域地质调查技术要求（1 ∶ 50000）》（DD 2021—01）和《区域地质调查技术要求（1 ∶ 50000）》（DD 2019—01）等要求执行。

调查报告要客观地反映不同遥感解译程度区的技术方法或者技术方法组合的实施情况，并对技术方法结果进行评价。

数据库成果包括原始资料数据库和成果数据库，其中原始资料数据库内容包括预研究收集资料、野外调查路线和剖面、系列遥感解译图件和样品测试等数据；成果数据库内容包括成果图件和成果报告数据库。

第四章　岩溶区1：5万填图技术方法

第一节　岩溶区分布及地貌地质特征

一、我国可溶岩的分布及类型划分

我国可溶岩分布面积共 344.3 万 km^2，其中裸露型面积为 90.7 万 km^2（李大通，1985），是世界上岩溶区分布最多的国家之一。主要分布在滇黔桂三省（区），其连片面积大、层厚、质纯；其次分布于青藏高原、鄂西、湘西、川东及华北的太行山、吕梁山、燕山山脉、天山山脉、鲁中南地区等地。西南和华南碳酸盐岩大面积裸露于地表，形成多种岩溶地貌景观形态。晚古生代碳酸盐岩分布面积最大，早古生代次之，新生代碳酸盐岩仅见于西藏及北回归线以南的海岸、陆架和海洋中；白云岩占比总的趋势是随地层时代变新而逐渐减少。

由于特殊的岩性、地质构造、气候、水文和新构造运动等条件，全国岩溶区可分为四种类型：干旱半干旱温带岩溶区、寒冻高原 - 高山岩溶区、湿润半湿润亚热带 - 温带岩溶区和湿润热带 - 亚热带岩溶区。

（一）干旱半干旱温带岩溶区（Ⅰ）

该区地处我国西北干旱区，区内降水量小，地面植被稀少，地表岩溶作用微弱，发育不完全，仅在少数灰岩裂隙中有轻微的溶蚀痕迹，有些裂隙被方解石充填，但地下溶蚀作用仍可以较强烈。在碳酸盐岩出露区的河流岸边，偶见泉华分布。而在一些高海拔岩溶山地，可见部分残余的灰岩尖峰、石灰岩角砾和少量洞穴，且有些地下洞穴还可能是过去湿润气候时期形成的古岩溶。

（二）寒冻高原 - 高山岩溶区（Ⅱ）

该区处于冰川、冰缘作用下，冻融风化强烈，岩溶地貌以机械风化作用为特征，常见的有冻融石丘、岩峰、岩墙、岩柱等，其下部覆盖冰缘作用形成的岩屑坡，山坡上发育有很浅的溶洞和穿洞，偶见古洼地。此外，青藏高原内部和边缘地区还有一些大中型溶洞、岩溶泉和钙华分布。

（三）湿润半湿润亚热带‐温带岩溶区（Ⅲ）

该区集中分布于华北和东北地区，以常态山和干谷为代表，地下洞穴虽有发育，一般都为裂隙性洞穴，多数规模较小，偶见多层大型洞穴和地下河洞穴。岩溶泉较为突出，一般都有较大的汇水面积和较大的流量，如趵突泉和娘子关泉等。这一地带岩溶洼地极少，干谷众多。在山东半岛，还分布有典型的岱崮地貌景观。

（四）湿润热带‐亚热带岩溶区（Ⅳ）

该区位于我国云贵高原至东南沿海一线，以石芽、石林、溶丘槽谷、深切峡谷、岩溶瀑布、天坑群、峰林平原、峰丛洼地，以及巨大的洞穴系统、地下河系以及较多的洞内次生碳酸盐沉积物为特征，发育了多种多样的岩溶形态组合景观，是中国乃至世界上亚热带地区最典型、最集中和最优美的岩溶分布区之一。

二、岩溶地貌及景观特征

（一）岩溶地貌分类

岩溶地貌包含地表、地下二元结构形态，是一个复杂三维空间综合体，它既受岩性‐构造控制，又受气候、生物等因素的制约和影响，所以它的形成、发育有很强的地带性和区域性，具有差别很大的规模和等级，再加上时间演化的因素就显得其地貌类型更为复杂。岩溶地貌分类参考全国 1∶100 万地貌图、1∶400 万岩溶类型分布图的分类（李大通，1985；程中玲等，2007），继承其分类逻辑，仍然考虑其成因、形态、组成物质和年龄四大要素。基于以上认识，岩溶地貌划分为五级（表 4-1）：寒冻高原‐高山岩溶区、干旱半干旱温带岩溶区、湿润半湿润亚热带‐温带岩溶区和湿润热带‐亚热带岩溶区、滨海或岛礁区。基岩区根据碳酸盐岩地层占比分为全岩与半岩溶；覆盖区分为覆盖型岩溶与埋藏型岩溶。

（二）地表组合形态及个体形态

1. 中国南方常见岩溶地貌及景观组合形态

我国各种岩溶地貌现象齐全，地表可见的形态有峰林、峰丛、石林、峰林平原、岩溶盆地（坡立谷）、谷地、洼地、漏斗、落水洞、峡谷、岩溶干谷、天生桥等；地下形态有溶洞、天坑、地下河、洞穴沉积物（如石笋、石柱、石钟乳、石提、钙华）等；组合形态有热带‐亚热带岩溶地貌组合形态，又可分为峰丛‐洼地（或漏斗）、峰林‐洼地、峰林‐谷地、孤峰、残丘‐平原。

从云贵高原边缘到广西盆地中心，依次出现上述岩溶地貌组合（图 4-1）。

表 4-1 岩溶地貌初步分类系统

第一级	第二级	第三级（组合形态）	第四级（个体为主）
全岩溶/半岩溶 寒冻高原-高山岩溶区	侵蚀型	岩溶常态山地合地、高原残林、合地、冰川侵蚀地貌、岩溶泉及钙华堆积、崩塌堆积	正地形：岩溶山地、崖壁、刀脊、角峰、冰碛堆积（如终碛垅、侧碛垅、表碛丘陵、冰碛丘陵、底碛丘陵和平原、鼓丘等）、羊背石、跌水、岩溶瀑布、钙华池、蛇形丘（冰穴）、"U"形谷、冰湖、少量岩溶泉（或温泉）、钙华池；负地形：合地、深谷、峡谷、冰斗、蛇形丘（冰穴）；地下岩溶：小型溶蚀裂隙通道、偶见溶洞
	侵蚀-构造型	构造岩溶山地合地、高原残林合地、断块山、断陷湖盆、岩溶断层泉（或温泉）及钙华堆积、活动构造和地震产生的崩塌堆积	正地形：断崖、合地、断块山、岩溶"古墙"、飞来峰；负地形：断陷盆地、深谷、峡谷、地缝、崩塌堆积、少量岩溶泉（或温泉）；地下岩溶：小型溶蚀裂隙通道、偶见溶洞
全岩溶/半岩溶 干旱半干旱温带岩溶区	侵蚀型	与山脉相伴岩溶山地（中山为主）合地、冰川侵蚀地貌、岩溶泉及钙华堆积、崩塌堆积	正地形：岩溶常态山地、崖壁、刀脊、角峰、冰碛堆积（如终碛垅、侧碛垅、表碛丘陵、冰碛埠、冰碛埠阶地、鼓丘等）、羊背石、跌水、岩溶瀑布、钙华堆积、崩塌堆积、蛇形丘、钙华池；负地形：山地、深谷、干谷、"U"形谷、冰湖、岩溶塌陷、少量岩溶小泉（或温泉）、钙华洞；地下岩溶：小型溶蚀裂隙通道、偶见溶洞
	侵蚀-构造型	与山脉相伴的构造岩溶山地（中山为主）合地、峡谷、合地、断块山、断陷盆地、地全和地堡、岩溶断层泉（或温泉）及钙华堆积、活动构造和地震产生的崩塌堆积	正地形：断崖、合地、断块山、单面山、弯隆、飞来峰；负地形：断陷盆地、深谷、峡谷、干谷、地缝、崩塌堆积、少量岩溶小泉（或温泉）；地下岩溶：小型溶蚀裂隙通道、偶见溶洞
全岩溶 湿润半湿润亚热带-温带岩溶区	溶蚀型	丘岭合地、溶丘洼地、溶丘洼地？	正地形：丘岭、溶丘、残峰、小石芽；负地形：洼地、干谷、残余洼地（少）、落水洞、漏斗、岩溶洼地、陷落柱、崩塌堆积；水平溶洞穴：溶洞（局部3～5层溶洞）、岩溶泉（群）、岩溶大泉
	溶蚀-侵蚀型	丘岭谷合地和岩溶中低山合地（或干谷）、夷平面	正地形：溶中低山、丘岭、悬崖、台地、岩溶剥蚀面、崩塌堆积、岩溶瀑布、洞穴沉积物；负地形：合地、干谷、峡谷、地缝、岩溶塌陷、陷落柱、崩塌堆积；水平溶洞穴：溶洞（局部多层溶洞）、岩溶泉（群）、岩溶大泉
	溶蚀、侵蚀-构造型	合地、断块山、断（拗）陷盆地、地全和地堡、岩溶大泉、活动构造和地震产生的崩塌堆积	正地形：断崖、合地、断块山、桌状山（岱甫）、单斜山；负地形：线状沟谷、峡谷、地缝、岩溶塌陷、陷落柱、断陷湖盆、崩塌堆积；水平溶洞穴：溶洞（群）、岩溶泉（群）、岩溶大泉

第一级	第二级	第三级（组合形态）	第四级（个体为主）
半岩溶　湿润半湿润亚热带-温带岩溶区	溶蚀-侵蚀型	丘岭谷地和岩溶中低山谷地（或干谷），夷平面	正地形：岩溶中低山，丘岭，台地，悬崖，岩溶剥夷面，单斜山，岩溶瀑布，洞穴沉积物；负地形：谷地，干谷，峡谷，地缝，陷落柱，崩塌堆积；水平洞穴：溶隙通道，溶洞，岩溶泉（群），岩溶大泉
	溶蚀、侵蚀-构造型	台地，断块山，断（拗）陷盆地，岩溶大泉，活动构造和地震产生的崩塌堆积	正地形：断崖，台地，断块山；负地形：断层沟谷，峡谷，地缝，断陷湖盆，崩塌堆积；水平洞穴：溶隙通道，溶洞，岩溶泉（群），岩溶大泉
全岩溶　湿润热带亚热带岩溶区	溶蚀型	石林，峰丛洼地，峰林洼地，坡立谷，丘峰洼地，丘峰台地，丘丛洼地，溶丘平原，丘丛干谷	正地形：溶峰，孤峰，悬崖，象形山，石台，石芽，石柱，岩溶剥夷面，岩溶瀑布，洞穴沉积物，崩塌堆积；负地形：洼地，溶斗，塌陷，盲谷，干谷（旱谷），天窗，消水洞，岩溶泉，钙华池；水平洞穴：溶洞，岩溶潭，天生桥，穿洞，地下暗河，伏流，断头河
	溶蚀-构造型	垄脊槽谷，峰林（丛）谷地，岩溶中山（深谷），岩溶高山（深谷，峡谷），岩溶低山（沟谷），断（拗）陷盆地，高原残林	正地形：溶峰，孤峰，象形山，石台，石芽，石柱，岩溶剥夷面，崩塌堆积，洞穴沉积物；负地形：断（拗）陷盆地，天坑，溶斗，竖井，洼地，溶井，塌陷，盲谷，天窗，溶泉，岩溶泉，泉华，半截河；水平洞穴：溶洞，暗湖，溶潭，天窗，穿洞，地下暗河，伏流
半岩溶　湿润热带亚热带岩溶区	溶蚀型	峰林洼地，峰林平原，坡立谷，丘峰洼地，丛丘洼地，丘岭洼地，溶丘干谷，丘峰台地，丛丘台地，缓丘平原等	正地形：溶峰，孤峰，丘峰，象形山，溶丘，溶台，石芽，石柱，岩溶瀑布，崩塌堆积；负地形：溶盆，断（拗）陷盆地，洼地，溶斗，塌陷，盲谷，干谷（旱谷），暗湖，湿地，岩溶潭，岩溶泉，钙华池；水平洞穴：溶洞，岩溶潭，天生桥，穿洞，地下暗河，伏流

续表

第一级	第二级	第三级（组合形态）	第四级（个体为主）
湿润热带亚热带岩溶区	溶蚀-侵蚀型	峰林（丛）谷地、溶岗槽谷、垄脊槽谷、溶岗低山（沟谷）	正地形：溶峰、孤峰、丘峰、悬崖、象形山、溶丘、石芽、岩溶剥蚀面、岩溶瀑布、洞穴沉积物、崩塌堆积 负地形：溶盆、洼地、溶斗、干谷（旱谷）、暗湖、湿地、岩溶湖、溶潭、岩溶泉、钙华池 水平洞穴：溶洞、天生桥、穿洞、地下暗河、伏流、半截河
	溶蚀-构造型	垄脊槽谷、岩溶低山（沟谷）、岩溶中山（深谷、峡谷）、断块山、断（坳）陷高山、高原残林峰丛洼地、峰林洼地、坡立谷、峰林平原、丘峰洼地、溶丘平原、岩溶中山（深谷、峡谷）、岩溶高山（深谷、峡谷）、断块山、断（坳）陷盆地	正地形：溶峰、孤峰、悬崖、象形山、单面山、溶丘、石芽、石柱、岩溶剥蚀面、崩塌堆积、岩溶瀑布、洞穴沉积物 负地形：槽谷、沟谷、盲谷、干谷（旱谷）、岩溶断（坳）陷盆地、天坑、溶潭、地缝、岩溶湖、岩溶泉 水平洞穴：多层溶洞、天生桥、穿洞、地下暗河、伏流
滨海或岛礁区 全岩溶或半岩溶型		海蚀地貌、冰蚀地貌	
生物（礁）型		礁滩、礁坪、海蚀地貌	
覆盖型	溶蚀-构造型	丘峰溶原、溶丘	埋藏石芽、覆盖溶盆、可溶岩上沉积有各种松散或半固结沉积物层的地区。这类地区通常是地质构造上的下陷地带，或者是由干水流的低洼地带——侵蚀形成的低洼地带，沉积有松散堆积物层而形成。这些覆盖层的厚度不等，常见的为数十米至一二百米。主要以准平原、冲积平原、孤峰平原、峰林平原、山前平原、山间盆地、河谷盆地、大型岩溶洼地等形态出现
埋藏型			碳酸盐岩与非可溶岩常呈夹层、互层等出现。可溶岩上部覆盖有非可溶岩岩时，则构成另一类岩溶环境——埋藏型岩溶环境，有的可数十米，有的只有数十米，有的可超过千米。这类地区与大气圈已无直接的能量交换。只能通过其他途径产生溶岩的关系。埋藏型的可溶岩在古溶岩中，以溶孔、溶隙为主，溶洞较少。而且经常是充填或半充填状态。深部所见溶蚀现象，多数属于古岩溶，在有利条件下产生"活化"

注: 据张英骏和杨明德（1983）与章厚仁和朱德浩（1984）修改。

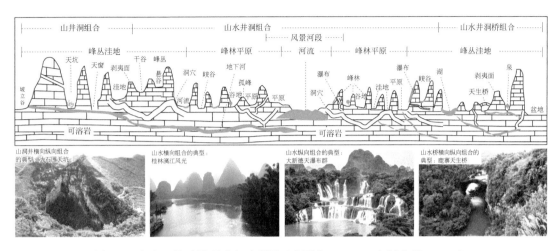

图 4-1　岩溶地貌及景观形态示意图（韦跃龙，2009；韦跃龙等，2018）

2. 峰林、峰丛和孤峰

峰林：石灰岩石峰分散或成群分布在平地上，远望如林（基座＜ 1/2 相连）。其相对高度为 100 ～ 200m，坡度＞ 45°（图 4-2a）。峰丛：一种连座峰林，其基部相连，顶部分散为一个个山峰（＞ 1/2 相连），坡度＞ 45°（图 4-2）。孤峰：竖立在喀斯特平原上的孤立石灰岩山峰，相对高度为几十至百余米（袁道先，1988）。典型的峰林地貌由在形

a.中国桂林周边峰林

b.中国桂林漓江沿岸峰丛

c.越南下龙湾滨海岩溶

d.泰国普吉岛滨海岩溶

e.中国桂林周边坡立谷　　　　　　　　f.中国云南罗平坡立谷(俗称坝子)

g.中国路南石林鸟瞰　　　　　　　　h.中国云南罗平岩溶漏斗

图 4-2　岩溶地貌及景观组合形态

态上差异明显、空间上分布有序的峰丛洼地、峰林平原组成，以桂林阳朔一带湿润热带亚热带峰林地貌最为典型，具有集典型性、珍稀性和不可替代性等于一身的世界自然遗产特质，是世界上连片分布面积最大的峰林区（图4-2a、b）。一些地方出露的滨海岩溶现象（图4-2c、d）也值得关注。

3. 坡立谷

坡立谷，即溶蚀谷地，俗称"坝""坝子"，宽几百米至几千米，长几千米至几十千米，是在一定构造条件下经长期溶蚀、侵蚀而成（图4-1和图4-2e、f）。

4. 石林

石林是由密集林立的锥柱状、锥状、塔状石灰岩体组合成的景观。单个柱体形态有剑状、锥状、蕈状、塔状、圆柱状、堡状及不规则状等，上部发育平行的溶沟。柱体高度大于 5m，相对高度一般为 20m 左右，高者可达 50m（陈安泽等，2011；刘春林，2017）。岩柱体密集林立丛生，远望如林，故名石林，以云南路南石林最为典型（图4-2g）。一般认为是湿热气候条件下雨水、土壤水沿厚层纯灰岩表面及近直立节理裂隙长期溶蚀形成，包括土下溶蚀和地表雨水淋蚀（图4-2h）。

5. 洼地

洼地是岩溶区一种常见的封闭状负地形，分布于峰丛之间，底部平坦，多呈不规则状或多边形，通常由漏斗扩大合并而成。深度＜20m 的为浅洼地；深度 20～50m 的为中等深洼地；深度＞ 50m 的为深洼地。

通常洼地分布于不同海拔，桂西、桂西北地区许多洼地深度＞ 100m，深度大者达 500m（表 4-2），覆盖着松散堆积物，是主要的耕地所在，有的洼地深陷呈圆筒状，它们在广西被称为�或峒。

表 4-2　广西不同岩溶区域典型峰丛洼地分布位置海拔简要统计

名称与位置		分带发育特征		
		峰丛高程 /m	洼地高程 /m	洼地深度 /m
桂西北乐业地区	分水岭地带	1320 ～ 1540	980 ～ 1260	240 ～ 530
	中游地带	1150 ～ 1350	940 ～ 1170	280 ～ 360
	下游地带	1180 ～ 1270	920 ～ 940	230 ～ 320
桂西北凤山地区	分水岭地带	720 ～ 950	520 ～ 640	200 ～ 430
	中游地带	680 ～ 910	480 ～ 510	200 ～ 380
	下游地带	680 ～ 850	460 ～ 490	200 ～ 360
桂西北都安峰丛	上游地带	750 ～ 100	300 ～ 940	430 ～ 950
	上中游地带	650 ～ 750	300 ～ 680	200 ～ 500
	中游地带	＜ 650	＜ 300	100 ～ 350
	中下游地带	580 ～ 640	300 ～ 250	430 ～ 490
	下游地带	400 ～ 600	190 ～ 160	200 ～ 300
桂西南靖西峰丛		900 ～ 1200	680 ～ 740	220 ～ 460
桂中忻城峰丛		500 ～ 700	160 ～ 180	340 ～ 500
桂西南龙州峰丛		400 ～ 600	140 ～ 160	260 ～ 440
桂东北桂林峰丛		450 ～ 630	160 ～ 300	60 ～ 180

漏斗（溶斗）：漏斗是漏斗形或碟形的封闭洼地，深几米至十几米，直径几米至小于 100m，主要分布在岩溶高原面上（图 4-2h）。

落水洞：为地表水进入地下河的主要通道，深几十米至几百米，宽度一般小于 10m，主要分布在溶蚀洼地底部以及岩溶斜坡上。

6. 峡谷

峡谷是在构造抬升区或地形变化陡的地区，由河道流水的深切侵蚀、溶蚀作用以及岸坡的崩塌作用等形成的深谷，其深度远大于宽度，峡谷两岸边坡极为陡立，甚至近于直立，水面处多有凹槽和小型洞穴。岩溶峡谷按形态可分为 V 形峡谷、嶂谷、箱形峡谷和地缝式峡谷等。长江三峡是最著名的岩溶峡谷，全长 124km。地缝式岩溶峡谷以重庆奉节的天井峡最为有名，峡谷长 6162m，谷底宽 1 ～ 15m，垂直深度为 80 ～ 229m。建议按长度分为小型、中型、大型、超大型、巨型。

小型：长度为 10 ～ 50km，平均深度大于 200m；

中型：长度为 50 ～ 100km，平均深度大于 500m；

大型：长度为 100 ～ 150km，平均深度大于 2000m；

超大型：长度为 150 ～ 200km，平均深度大于 2500m；

巨型：长度大于 200km，平均深度大于 3000m。

（三）地下岩溶形态

1. 洞穴

洞穴是岩溶作用所形成的地下空洞的通称。岩溶作用在裂隙、节理、层理等构造形迹基础上不断进行，溶洞空间不断扩大，水流不断集中，使彼此孤立的溶洞逐渐沟通，许多小溶洞合并形成溶洞系统（图 4-1）。溶洞按成因可分为包气带洞、饱水带洞和深部承压带洞等。当地壳上升、河流下切、地下水位下降、洞穴脱离地下水位时，就形成了干溶洞，这时洞内有各种含碳酸钙的化学沉积物。

2. 天坑

天坑具有巨大的容积、陡峭而圈闭的岩壁、深陷的井状或桶状轮廓及非凡的空间与形态特征，发育在连续沉积厚度及含水层包气带（vadose zone）厚度均特别巨大（地下水位深埋）的可溶性岩层中，是一种从地下通向地面、平面宽度与深度为 100m 至几百米、底部与地下河相连接（或有证据证明地下河道已迁移）的一种特大型岩溶负地形（图 4-3，图 4-4）。此外，在观赏方面是否具有稀有、壮观、雄奇、险峻、生境独特和生物多样性等综合属性，也是鉴别天坑与一般漏斗、洼地或竖井的重要标志。失去地下河行迹或周壁的完整性遭受严重破坏的天坑，可称为退化（剥蚀）天坑（degraded tiankeng）。天坑规模划分如下（朱学稳和 Tony，2006）：

特大型天坑：直径和深度大于 500m；

大型天坑：直径和深度为 300 ～ 500m；

常态天坑：直径和深度为 100 ～ 300m。

图 4-3　重庆奉节小寨天坑

3. 地下河

地下河又称暗河，是具有河流主要特性的岩溶地下通道。它也是地下径流集中的通道，

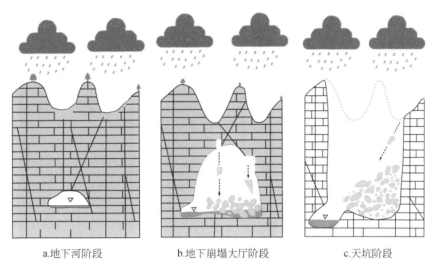

a.地下河阶段　　　　　　b.地下崩塌大厅阶段　　　　　　c.天坑阶段

图 4-4　天坑形成示意图

常具紊流运动特征，并有自己的汇水范围，其动态变化明显受当地大气降水影响。地下河的规模和地下河系的完善程度决定于岩溶作用的方式和程度（裴建国等，2008）。由地下河的干流及其支流组成的地下通道系统称地下河系（图 4-5），其中西南岩溶区地下河系统 1179 个、岩溶泉系统 1152 个、集中排泄带系统 562 个和分散排泄系统 727 个。

图 4-5　岩溶地下河（广东英德）

（四）岩溶沉积物

岩溶沉积物常见的有石钟乳、石笋、石柱（图 4-6）、钙华堆积、矿物结晶体等，以洞穴中沉积物类型最丰富，千姿百态，许多具有较好美学观赏价值和科学研究价值（韦跃龙等，2010；张美良等，2017；韦跃龙，2021），地表的一些钙华沉积也有较好的观赏价值。

图 4-6 石柱

钙华堆积：钙华堆积及钙华滩、边石坝、钙华池、钙华瀑布等。

边石坝：横切地下河或地表河，或围绕泉水形成的拦河坝状边石坝，石坝形成后，使地下河道（或地表河道）成为阶状，如有水流活动，则常出现一系列的石坝与水潭（图 4-7a、b）。研究得出黄龙钙华的沉积速率为 0.43 ～ 4.7mm/a，其中速率较大者出现在流速较快的边石坝上，且不同季节由于元素含量差异及微生物类型的差异而显示不同颜色（如土耳其棉花堡）。

a.黄龙冷泉钙华池(边石堤)　　　　　　　　b.九寨沟钙华树

图 4-7 边石坝

三、岩溶缝洞系统及古岩溶、古地貌

（一）岩溶缝洞系统类型

岩溶储集空间类型繁多且成因复杂，一般归纳为孔、洞、缝 3 种基本类型，具体细分为 5 种类型，即裂缝型、孔隙－裂缝型、孔洞－裂缝型、裂缝－孔洞型及裂缝－溶洞型，岩溶缝洞规模大小从微观的毫米到普通的厘米再到宏观的米或数米（甚至几十米）不等。通常情况下，白云岩、礁滩相灰岩孔隙发育程度要高于灰岩和其他相区灰岩。

（二）古岩溶垂向结构分带

古岩溶垂向结构发育往往受岩性、构造、古地貌、古气候、时间尺度、深部有机酸及热液作用等多因素控制，完整的三带结构包括地表岩溶带、渗流岩溶带和潜流岩溶带，局部还发育深部缓流岩溶带，但完整的三带结构在同一剖面上很难保存，理想分带如下：

（1）地表岩溶带：以发育古风化壳、古土壤或几米至几十米厚的紫红色、灰绿色泥岩、粉砂岩、角砾灰岩等岩溶残积物为特征。

（2）渗流岩溶带：位于侵蚀面之下 0～200m 的范围内，以发育粒间孔、半充填溶缝、溶蚀孔洞为特征，但横向发育不均匀、不连续，有时在近地表渗入带发育未充填的大型溶洞。

（3）潜流岩溶带：以发育比较连续的水平溶洞为特征，多数洞穴被充填物充填，少数洞穴未充填或半充填，在横向上具有可对比性。

（4）深部缓流岩溶带：以发育溶缝、针孔及小型溶蚀孔洞为特征。孔、缝、洞多被泥质、方解石、白云岩充填或半充填，孔隙度较低。

（三）岩溶古地貌

一些古岩溶地貌及缝洞系统可以用现代岩溶的溶蚀现象等进行反演，它们具有较好的相关性，如用峰丛洼地去反演古隆起、古斜坡和古拗陷，用一些溶洞地下河和微溶蚀形态等去反演古岩溶缝洞系统等。

（四）古岩溶发育期次

古岩溶发育期次通过构造运动形成的不整合面、沉积暴露标志及岩溶充填物交切关系、后期裂缝、岩溶改造、同位素测年等进行划分。例如，我国塔里木盆地古生代至少发育了 4 期岩溶作用，即加里东中 - 晚期、海西早期、海西晚期、印支期，其中海西期及印支期是最主要的发育时期。

四、岩溶区自然资源及岩溶作用资源环境效应

由于碳酸盐岩分布区存在溶沟、溶槽、峰丛、峰林、石林、天坑、落水洞、溶洞、溶隙、岩溶管道、缝洞或暗河、地下河进出口、干溶洞、渗流带、落水洞、竖井、天窗等地表、地下岩溶形态以及断层破碎带等，这些地表、地下岩溶地质结构有别于其他岩石类型，发育丰富的岩溶地貌及地下缝洞系统，成为可供人类开发利用的岩溶地质景观（世界自然遗产、世界地质公园、国家地质公园等），同时还储集有丰富的地下水资源。在条件有利的层位、构造部位还储集有丰富的石油、天然气、地热等资源。与碳酸盐岩共生的固体矿产有石膏、岩盐、钾盐及汞、锑、铜、铅、锌、银、镍、钴、铀、钒等。

（一）岩溶景观及洞穴资源

（1）峰林峰丛地貌景观：桂林阳朔葡萄峰林平原、桂林雁山峰丛洼地、贵州兴义万峰林峰丛洼地、云南普者黑峰丛、广西大化七百弄峰丛、柳州英山峰林等。

（2）钙华堆积地貌：四川九寨沟、四川松潘县黄龙沟、云南香格里拉白水台。

（3）石林地貌景观：云南路南石林、湖南古丈红石林（世界地质公园）、四川兴文石林、广西贺州玉石林、福建永安鳞隐石林。

（4）石柱林地貌景观：湖北清江、河南关山、涞源白石山。

（5）天生桥地貌景观：重庆武隆天生三桥、广西凤山江州天生桥、广西布柳河天生桥、广西鹿寨香桥岩天生桥。

（6）岩溶峡谷地貌：长江三峡、漓江峡谷、湖北清江峡谷、重庆奉节地缝式峡谷、台湾太鲁阁峡谷、太行山峡谷、乌江峡谷。

（7）岩溶瀑布地貌：广西大新德天瀑布、贵州黄果树瀑布（世界地质公园）。

（8）与生物有关的岩溶地貌景观：贵州荔波、广西弄岗、四川安县生物礁。

（9）与文化有关的岩溶地貌景观：河南洛阳龙门石窟、北京周口店龙骨山北京猿人洞穴遗址、广西花山岩壁画、桂林甑皮岩。

（10）名山和象形山石地貌景观：桂林象鼻山、安徽琅琊山、浙江金华北山。

（11）岩溶湿地（湖泊水库）地貌景观：贵州威宁草海、云南普者黑、桂林西塘、广西桂林会仙湿地、贵州红枫湖。

（12）岩溶大泉地貌景观：山西娘子关泉、晋祠泉，济南趵突泉。

（13）重要洞穴地貌景观：贵州织金洞、重庆芙蓉洞、重庆武隆竖井群、贵州双河洞、北京石花洞、广西凤山江州洞、湖北腾龙洞、重庆丰都雪玉洞、广西巴马水晶宫。

（14）地下河地貌景观：广西地苏地下河、广西坡心（月）地下河、广西百朗地下河。

（15）岩溶天坑（群）地貌景观：重庆奉节小寨天坑、广西百色乐业天坑群（世界地质公园）、重庆武隆后坪天坑群、广西凤山三门海天窗群、陕西汉中天坑群。

（二）岩溶水资源

我国岩溶地下水天然资源总量为 2353 亿 m³/a（其中有 27 亿 m³/a 为浅层微咸水－咸水），占全国地下水资源总量的 23.4%。其储量虽然很大，分布却十分不均。南方岩溶区有岩溶地下水 1958 亿 m³/a，占全国岩溶地下水资源总量的 83.2%；北方岩溶区有岩溶地下水 162 亿 m³/a，占全国岩溶地下水资源总量的 6.9%；西部和西北部岩溶区有岩溶地下水 233 亿 m³/a，占全国岩溶地下水资源总量的 9.9%。

调查显示，中国云南、贵州、广西、湖南、湖北、重庆、四川、广东 8 省（自治区、直辖市）岩溶地下水资源开发利用潜力为 534 亿 m³/a，现状开采量仅为 66 亿 m³/a，开发利用潜力巨大。

（三）油气资源

碳酸盐岩大油气田是以碳酸盐岩为主要储层的一类油气田。据不完全统计，截至 2012 年底，世界上共发现了 1021 个大型油气田，其中碳酸盐岩大油气田有 321 个（康玉柱，2008）。全球碳酸盐岩储层中的油气储量约占油气总储量的 40%，产量约占油气总产量的 60%。从区域分布上看，中东地区石油产量约占全球产量的 2/3，其中 80% 的含油层属于碳酸盐岩；北美的碳酸盐岩储层中的石油产量约占北美整个石油产量的 1/2。

碳酸盐岩储层主要分布于波斯湾盆地、墨西哥湾盆地、锡尔特盆地、滨里海盆地、美国阿拉斯加北坡盆地和二叠纪盆地、四川盆地和塔里木盆地等；其中油气资源主要集中在上古生界、侏罗系、白垩系、古近系和新近系。碳酸盐岩大油气田类型主要为生物礁类、颗粒滩类、白云岩类和不整合与风化壳类，通常规模较大，埋深一般小于 3000m，埋深较大的主要为白云岩和超压石灰岩。通过对碳酸盐岩大油气田的分布特征和成藏研究，发现碳酸盐岩大油气田的现今地理位置与垂向分布受控于碳酸盐岩的平面与地层分布，古气候、古纬度控制了烃源岩的生成和碳酸盐岩的发育，古构造及其演化控制了碳酸盐岩的储层规模及油气富集程度，沉积成岩作用控制了碳酸盐岩大油气田的储集性能，有利的生储盖配置是碳酸盐岩大油气田形成的关键。

中国海相碳酸盐岩层系探明储量仅占总探明储量的 5%，油气勘探潜力很大（金之钧，2005）。

（四）岩溶作用碳汇效应

地质历史时期，碳酸盐岩的形成为大气提供了碳，硅酸盐岩的风化则提供了钙、镁，而水、生物等则调控了其形成过程，导致原始地球大气 CO_2 浓度从 25% 以上降低到现代大气中的 0.03% ~ 0.04%，对地质历史时期大气 CO_2 产生巨大碳汇效应，储存在碳酸盐岩中的碳达 $6.1 \times 10^6 t$。

岩溶作用产生的碳汇效应在全球碳循环中及全球变化研究中越来越显得意义重大，目前国际上已将碳酸盐岩溶解风化产生碳汇的研究纳入去除大气 CO_2 的 4 个技术方法之一（陆地生态过程、海洋碳汇、人工直接捕捉和岩溶碳汇）。政府间气候变化专门委员会（IPCC）2013 年发布的第五次评估报告（AR5）则将碳酸盐岩风化溶解时间尺度定位在 $10^2 \sim 10^3$ 年（不同于硅酸盐岩风化的碳汇时间尺度为 $10^4 \sim 10^6$ 年）。据初步估算，全球每年因碳酸盐岩溶解风化产生的碳汇通量（以 C 计）为 0.36 ~ 0.44Pg/a，占森林碳汇的 32.73% ~ 40%，占土壤碳汇的 45% ~ 55%。中国岩溶碳汇通量相当于森林碳汇的 56%，土壤碳汇通量的 60%，因此中国岩溶区在全球气候变化中的贡献异常显著（章程，2011；曹建华等，2017）。

表层岩溶带位于大气圈、水圈、生物圈和岩石圈四大圈层交汇部位，水 - 岩（土）- 气等相互作用和物质能量传输、交换频繁，是岩溶作用或岩溶动力系统关键带。表层岩溶带的发育程度和深度与岩性、构造、气候、水文和土壤、植被条件等关系密切。在南亚热带湿热多雨的广西桂林，表层岩溶带的厚度可达 10m 以上；在中亚热带的云贵高原，表层岩溶带的厚度一般在2m左右；在北亚热带与温带交界的秦岭山区，表层岩溶带已不明显。

五、岩溶区环境地质问题

在人为和自然因素的共同影响下，产生了各种各样的岩溶环境地质问题，有些岩溶地区甚至已经形成恶性循环，严重地制约了国民经济的发展和人们生活水平的提高，使岩溶山区大多数人的生活水平还处于贫困线以下。

岩溶环境地质问题和灾害包括岩溶塌陷、危岩崩塌、矿坑或隧道突水突泥、水土流失、生态退化、干旱、石漠化和洪涝、岩溶水库渗漏、岩溶地基失稳造成的建筑物破坏等。岩溶塌陷是岩溶区特有的地质灾害类型，全国岩溶塌陷高易发区大约有 30 万 km²，发育岩溶塌陷灾害 3315 处（雷明堂和项式均，1997），主要分布在广西、云南、贵州、湖南和湖北等省（自治区），近年每年发生岩溶塌陷保持在 150 起左右，70% 岩溶塌陷为人类工程活动所诱发。岩溶塌陷具有隐蔽性、突发性等特点，早期识别难度极大。

第二节　填图的主要目标任务

以当代沉积学、岩溶动力学和地球系统科学为指导，在充分收集利用已有地物化遥、岩溶水文地质、岩溶环境地质等资料基础上，查明区内地层、古生物、岩石、构造、矿产、岩溶地貌及洞穴景观等特征，正确建立岩溶区的岩石地层序列、地层格架和岩溶地貌景观区划；探测地下岩溶构造规模、产状及富水性，提出钻孔找水建议；查明各岩溶层组岩溶发育特征（翁金桃，1987）、岩溶地貌及洞穴分布型式；探索岩溶地貌及洞穴形成的岩溶动力地质背景及规律、演化趋势（袁道先等，2002），为岩溶地质地貌及洞穴景观资源评价、保护及科学开发利用提供意见建议；填图成果可为岩溶水文环境地质调查、工程建设、防灾减灾、抗旱找水及石漠化治理、岩溶碳汇效应调查及全球变化研究等提供基础地质资料。

第三节　调　查　内　容

一、基本调查内容

（一）岩石地层划分

调查岩性、古生物（含微体古生物）、沉积结构与沉积构造、厚度、基本层序、接触界面性质、沉积体系及叠置关系、沉积环境垂向及横向变化、地质体形成时代及空间展布等，最终确定岩石地层填图单元。

（二）非正式地层单位填绘

特殊岩性夹层，如古生物化石富集层、生物礁、风暴岩、砾岩层、硅质岩、微生物岩、岩溶含矿层、特殊沉积结构构造层等，在地质手图上加以标绘，部分可作为地层划分标志层。

（三）地层多重划分对比

根据地层中古生物群组合、年代学测定、地层磁性的极性时与极性亚时等方法确定地层地质时代，分析岩性、岩相（微相）、沉积体系叠置关系、古气候环境、海平面升降等特征，开展多重地层划分对比。

（四）地质构造调查

调查断裂的分布、延伸、规模、产状、性质、活动性等基本特征，分析其几何学、动力学、运动学特征与机制，探讨其发育历史对岩相、岩溶地貌演化、岩溶发育、矿产等的控制作用。对一些重要的隐伏岩溶构造可采用物探、工程揭露等手段，查明规模、产状、性质、分布、延伸、富水性等基本特征。调查与岩溶地貌形成演化、洞穴形成演化、水系转折、地震、地热、岩溶塌陷等有关的一些新构造、活动构造、大型节理等。

（五）岩溶地貌及洞穴景观调查

调查研究不同岩溶地貌及洞穴景观的物质组成，以及各种地貌形态要素和组合岩溶地貌特征，合理划分岩溶地貌单元，对区内典型、重要的具有观赏价值和重要科学意义的岩溶地貌及洞穴地质遗迹景观采用无人机、三维激光扫描等技术进行详细的宏观、微观定量测量调查，详细描述其特征及价值、意义，并提出保护和合理开发建议。

（六）样品采集

主要采集化学成分分析、微量元素、稳定同位素、微体古生物（孢粉、有孔虫、牙形虫等）鉴定、宏体古生物鉴定、^{14}C 测年、光释光测年、石笋铀系测年、洞穴堆积物 ^{10}Be 测年、古地磁测量等样品。

（七）矿产

调查碳酸盐岩及不整合面上负地形中、不同相区、不同构造中赋存的各类矿产，如岩溶堆积型锰矿、铝土矿、铁矿、磷矿、铅、锌、重晶石等，查明其赋存层位、空间展布及成矿规律等。

二、专题研究

针对调查区及所在区域的关键基础地质问题、资源环境问题和重大应用需求，设置专题研究工作，具体内容应在设计书中明确。

第四节　填图技术路线与主要技术方法组合

一、总体技术路线

以当代地球系统科学、碳酸盐岩层序地层学、岩溶动力学理论为指导，以地表地质调查为基础，结合遥感、物探、先进的样品测试分析等有效技术方法，将调查与研究相结合，客观、全面地获取各要素，准确反映各地质体特征。

针对岩溶区的特点，结合目的任务要求，全面收集沉积作用、地层层序、岩溶地质等各类地质资料并进行综合分析研究，以沉积岩地区 1 ∶ 5 万地质填图技术方法为指南，全过程应用遥感技术、数字填图技术、深部物探技术，同时增加岩溶形态测量、无人机航拍、岩石地球化学及碳酸盐岩微相分析等技术（图 4-8）。查明调查区基本物质组成、时代、性质及构造背景；查清测区岩溶发育同褶皱、断裂和地层岩性之间的相互关系；详细调查地表、地下岩溶形态，为测区社会经济发展规划提供基础地质资料。

二、遥感解译

综合利用 SPOT5、ZY3、GF1 等多源遥感影像数据，通过不同空间分辨率、不同波谱分辨率和不同时间分辨率的遥感数据处理与解译，开展测区 1 ∶ 5 万遥感解译工作，提取区域构造格架、地质体、地质界线、断裂、大型节理、活动断裂、褶皱构造、特殊岩溶形态和地貌景观，以及与成矿控矿有关的线性、环形特征→确定遥感影像异常区→野外实地检查验证→编制遥感解译图件（程洋，2016；潘明，2019），通过归纳、总结工作区不同地质体、岩溶地貌景观的色调、纹形、结构、地貌等影像，建立遥感地质解译标志，应用解译标志进行全区地质解译，编制遥感解译地质地貌草图，指导路线设计、踏勘和设计书编写。其应用应始终贯穿于整个野外填图过程中，可增强地质调查的预见性和针对性，提高填图精度和效率。

三、碳酸盐岩地层剖面测量

根据《区域地质调查技术要求（1 ∶ 50000）》（DD 2019—01）及沉积岩区填图方

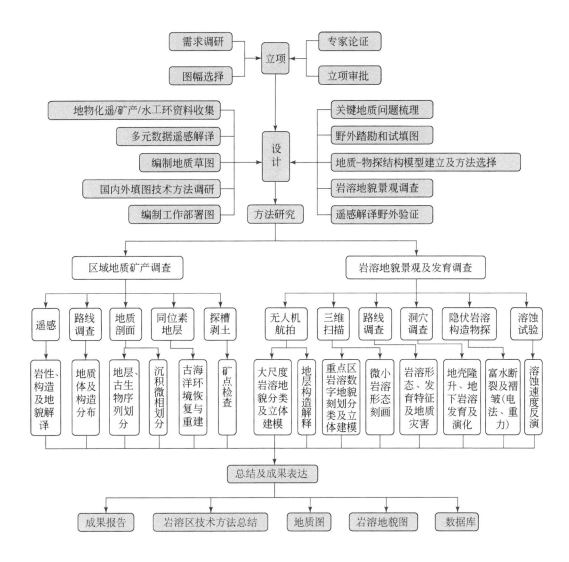

图 4-8 岩溶区区域地质调查技术路线图

法指南（魏家庸等，1991）相关规定，开展碳酸盐岩地区地层剖面部署与测量。地质剖面
要进行生物地层、年代地层、事件地层、层序地层、化学地层和磁性地层等多重地层划分
对比研究。

　　由于碳酸盐岩区填图的特殊性，要逐层详细描述岩性、沉积结构构造、基本层序、界
面特征、暴露标志、沉积旋回、岩溶发育特征、周边岩溶地貌等，利用沉积旋回方法测制
剖面并正确划分沉积体系。

　　系统采取岩矿、岩相、岩石地球化学、同位素、古地磁等样品，逐层寻找和采集大化
石和微体化石样品。各类样品在剖面测制过程中要及时清理，分门别类地进行登记造册、
包装，以备选送到实验室进行测试分析和鉴定。

四、路线地质调查

根据《区域地质调查技术要求（1 ∶ 50000）》（DD 2019—01）及沉积岩区填图方法指南（魏家庸等，1991）相关规定，部署并实施地质调查路线。查明各岩石地层单位主要岩性特征（物质成分和构造）、生物特征、基本层序构成（内部结构、层厚、类型、数量等）、厚度、接触关系性质、叠覆特征及空间变化特点（王训练，1999；梅冥相和李仲远，2004），广泛收集沉积相（原生及成岩构造特点、古生物化石及其遗迹化石和古生态、古环境等）资料。同时，加强收集特殊事件层、生物礁、岩溶发育、岩溶地貌及洞穴等资料。

与岩溶地质地貌景观及岩溶地质灾害、矿产有关的重要地质体、构造、接触带、含矿化现象及其他找矿标志界线应有地质路线、地质点控制，并需采集必要的有关样品进行了解，重要的地质现象、岩溶现象、泉点、矿化蚀变应有必要的素描图或照片。岩溶景观调查路线同地质填图野外调查路线相结合，尽量少地布置调查路线。

五、地质点、岩溶地貌及洞穴景观点调查

根据《区域地质调查技术要求（1 ∶ 50000）》（DD 2019—01）及沉积岩区填图方法指南（魏家庸等，1991）相关规定布置地质观察点，控制地质体、重要矿化体、蚀变带、深切峡谷边界等，或定位某些重要地质现象、岩溶景观及洞穴、天坑位置等。一般布置在填图单位的分界、标志层、重要地质现象处、原生构造出露处、岩性或者岩相发生明显变化处等，对露头良好、地质现象丰富的地质点，均应详细观测记录。在矿产地质填图中，所有矿化地或构造破碎带、蚀变带必须定点记录。

对岩溶地质地貌景观点要进行详细记录，对具有地质遗迹特征的现象进行定点描述，包括信手剖面、素描、照相或摄像等，记录其规模和形态及结构等特征。

六、典型岩溶景观无人机摄影测量

确定无法穿越区、典型岩溶地貌景观区等，利用无人机摄影测量机动、快速、经济、高效等优势，快速获取高精度现势性实时图像数据信息，减少野外工作量，节约人力、物力和时间（山克强等，2016；潘明等，2019）。研究地质界线段、岩性层界线精细划分及大型节理、裂隙解译，以及地层产状判读等；研究岩溶地貌、微地貌景观形态，进行岩溶发育调查研究、立体建模及重点区地质地貌信息挖掘应用等。

七、典型岩溶景观三维激光扫描

利用三维激光扫描的非接触式快速、精确、多方位、"所见即所得"的测量技术，现场将各种大型、微型、复杂、不规则的、非标准等典型岩溶地貌景观三维实体点、线、面、

体、空间等各种点云数据直接扫描采集完整地输入到电脑中，进而快速重构目标体的三维精细模型，绘制岩溶地貌三视图，为制作实体模型和室内岩溶地貌研究服务。三维激光扫描能够快速获取点密度和精度都非常高的岩溶地貌、微地貌景观点云数据，并通过软件处理将测量对象进行 1 : 1 的实景复制三维成型，并绘制岩溶地貌、微地貌三视图，测量精度极高（平均误差小于 2mm），三视图表现力强，由传统的实地野外手工测量转变为室内计算机对点云数据的自动统计测量，是精细岩溶地貌景观刻画的革命性工具。

八、岩溶构造物探

由于碳酸盐岩中有较发育的缝洞系统甚至是大型的地下溶洞系统，这些系统又往往受不同级别的节理、断裂等控制，它影响或破坏了岩石地层的正常结构及完整性，从而改变了原有地质体的物性，而形成新的物性特点。为提取覆盖层及其之下隐伏岩溶构造、洞穴空间产状、规模、富水性等信息，需有针对性地采用不同地球物理方法进行探测，为基础地质问题调查研究、工程建设和找水定井等提供技术资料。

主要探测风化壳的厚度、覆盖层下新鲜基岩面的起伏、盆地结构形态、储水构造、断层构造、岩溶管道、暗河、岩溶发育带、岩性接触带及隐伏矿体等。井中电磁波透视法探测裂隙、隐伏溶洞效果甚好（甘伏平等，2006）。自然电位测井、井液电阻率测井、超声波测井和井中雷达成像可分别获得地下水的矿化度、地下水的运动、地下岩溶发育等信息（李录娟等，2021；贾龙等，2022）。深度小于 150m 的建议用常规电法（分辨率高，抗干扰能力强）、浅源地震；深度为 200 ～ 800m 的建议用音频大地电磁法、可控源音频大地电磁法、广域大地电磁测深法、深源地震法；深度为 800 ～ 1500m 的建议用可控源音频大地电磁法、深源地震法；深度大于 1500m 的建议用大地电磁法（刘永亮等，2022）、广域大地电磁测深法、深源地震法。

九、溶蚀速率野外试验

查明碳酸盐岩出露区岩石溶蚀特征，计算溶蚀速率，获取相应水文年的溶蚀速率参数，并分析其与流域环境条件（岩石、植被、水文、降水量、土壤、耕地等）的相关性。

在岩溶区不同地貌部位的地表、地上和地下放置岩溶试片，以一个水文年或者 3 年为周期，取出后经室内称重、电镜扫描等研究，通过溶蚀试验查明碳酸盐岩出露区岩石溶蚀量、溶蚀（碳吸收）强度和溶蚀过程特征等，计算溶蚀速率（周世英等，1988），获取相应水文年或相应地质周期的溶蚀速率参数。

十、古环境及年代学研究

除了野外地质证据外，主要依据古生物化石、地球化学与同位素地球化学、同位素年代学等进行。尽可能多地采集大化石样品，选择形态保存清楚、种类及个体均有所差异的化石用于鉴定，以便确定化石所属的种群，确定地层时代，提供沉积环境及古地理等方面的资料。牙形刺化石主要用于确定寒武纪—三叠纪碳酸盐岩地层时代；放射虫用于确定硅质岩地层时代《牙形石分析鉴定方法》（SY/T 5912—2010）。采集重 2 ～ 5kg 的新鲜岩石样品，通过溶蚀挑选微体化石用于鉴定。

在缺少大化石的情况下，微体化石是确定地层时代的重量依据，鉴于牙形刺化石已成为众多金钉子剖面定位的标准这一现实，建议微体化石样每幅图不低于 20 件，以在剖面上采集为宜。

开展地球化学、同位素化学及同位素年代学研究，约束不同岩石及地貌所反映的古环境变化，岩石及地貌等形成的年代。根据解决问题的不同，采用不同的测年方法，主要有OSL（光释光）/TL（释光）测年、^{14}C 测年（＜ 6 万年）、铀系测年（数千年至 100 万年）、宇宙核素测年（^{10}Be 等）、U-Pb 及 Lu-Hf 测年等。

第五节　地质填图过程

一、预研究与设计

（一）资料收集、整理及踏勘

预研究阶段要充分收集地理资料、地貌、各类地质调查与勘查资料。

遥感资料：以收集空间分辨率最优的多光谱遥感数据为主，提取异常信息时还应收集合适的谱段数据。光谱区间一般在可见光至短波红外波段，植被茂密地段可补充雷达数据；人类活动密集区应收集近代不同时期的遥感影像或数据；活动构造发育地区，需要收集分辨率大于 1m 的遥感数据与地貌数据；用于融合处理的多平台遥感数据应尽可能一致。数据收集前应检查数据质量，云、雾分布面积一般应小于图面的 5%，图像的斑点、噪声、坏带等应尽量少。

选取地质信息丰富的波段遥感数据，经过预处理、几何纠正、图像增强、数字镶嵌等过程，制作遥感影像图，或将数字高程模型图和正射影像图作为野外数据采集的背景图层。制作方法按照《区域地质调查中遥感技术规定（1 ：50000）》（DZ/T 0151—2015）和《遥感解译地质图制作规范（1 ：250000）》（DZ/T 0264—2014）规定执行。

各类地质调查与勘查资料：主要包括不同比例尺区域地质调查、航空物探、水文地质、工程地质及环境地质调查、各种比例尺的物探与化探调查等资料，以及各类地质调查报告、研究论文及各类矿产与工程勘查资料等。

对收集到的资料建立资料数据库，并及时进行综合分析，了解测区以往调查研究工作的缺陷和不足，分析测区调查研究程度、现状，评估已有资料、成果的可利用程度，找出测区存在的主要科学问题和适宜的技术手段，编制 1∶5 万设计地质图。

野外踏勘的目的是了解测区自然、交通、经济地理状况、地质矿产概况、岩溶地貌景观分布概况，验证以往有关资料的可靠程度等。开展主干路线地质调查和地质剖面测制，对遥感地质解译的主要内容进行野外验证，结合实测剖面确定填图单位，以及确定不同填图单位的遥感影像解译标志。建立构造格架、地层序列，重要层位需尽量获取古生物化石并采集相关分析测试样品。

（二）填图技术方法有效组合选择

1. 遥感数据的准备和预处理

遥感数据为 ETM+ 数据，在数据的选取上应考虑地质填图的应用，为消除植被和冰雪覆盖的影响选择秋季时段的数据。

遥感数据根据地形图加以校正。遥感数据的波段组合依据所要观察的不同地区及不同地物的特点来确定，真彩色波段的组合符合人的肉眼观察习惯。根据地物的波谱特征和经主成分分析后生成的特征向量矩阵中的各波段的载荷因子大小来提取目标地物的信息，对 PCA（主成分分析）特征向量载荷进行分析，以确定特定的主成分更集中地反映了某个波段（或某种地物）的特征波谱信息。

波段组合确立后针对目视解译，适合使用 ETM+ 的全色波段（Pan）提高遥感图像地面分辨率，采用最小二乘法，尽可能保留原有地物的光谱特征，最大化地突出图像的细节，减少色彩的改变。

合成的彩色图片在导入数字填图系统中时需要使用地形图中的矢量数据进行矫正。遥感图像和地形数据应该转变为相同的投影方式，使用水系可以取得较好的矫正效果，来自地形数据中的水系网络也可以导入数字填图系统中，作为河流信息的一个补充。

2. 数据的应用

（1）岩性识别：碳酸盐岩地区遥感识别岩性难度很大，至今尚无成熟的方法可以采纳。灰岩表现为山峰较多且尖锐，山坡很陡，阴影很长，山脊较弯曲，周围土壤少。当山体高大连续时，山脊平直，山坡较平缓，植被较少，如有耕种痕迹，为泥质成分含量较高的灰岩。白云岩在地形相对高差不大和较开阔的平地中表现为众多的馒头状小山包，山体比较矮小、形状较圆且山坡较缓，土壤多（平地多表现为耕地和建筑用地）。当山体较高时，表现为山脊平直，不尖锐，阴影较长，山坡较平滑，周围有馒头状的山体。

（2）岩石地层单位的识别：依据野外的实测剖面数据，重视遥感色块差异的解译、纹理特征，建立不同的岩石地层单元的解译标志。将建立好的解译标志应用到全测区，最终完成全区的遥感解译。碎屑岩和碳酸盐岩以及碳酸盐岩内部的白云岩和灰岩等研究区域内的几种岩性类型，在山体高度、形态、植被、形成土壤的能力等方面都存在差异。可以根据这些差异，采用高空间分辨率遥感影像进行岩性识别研究。中新生代红盆沉积和第四系是最容易识别的，如第四纪洪冲积层、风成堆积、阶地等。

（3）构造－地层区划：地形特点及植被差异是构造－地层分区边界的地表特征，不同的岩性在遥感图像上能够较好地区分，可以确定构造－地层分区的边界。基于 DEM 提取的地形因子，可以与光谱信息结合进行岩性单元分类。在岩性单元的分类识别中加入不同的地形因子，可不同程度地提高岩性单元分类的精度；加入 DEM 能明显改善岩性单元分类的效果。该方法为在局部有植被覆盖的地区，利用遥感图像进行岩性单元分类提供了可能。

（4）岩溶地貌单元解释：综合利用 SPOT5、ETM+ 遥感数据、WorldView-2 遥感数据具有较高的分辨率和良好的光谱特征，综合叠加研究解译可识别地物边缘和地类特征、判读较小的图斑。与常态地貌相比，岩溶地貌类型具有较独特的影像特征。

（5）石漠化解译：目前各类岩溶石漠化信息的遥感解译以目视解译为主，在岩溶石漠化信息自动分类、识别方面研究较少，主要涉及石漠化信息的增强、识别和分类，相关研究多以 TM 图像为数据源。

3. 无人机航拍遥感

在路线调查的基础上确定无法穿越的地区以及需重点调查研究的岩溶地质形态和地貌景观区，可以采用无人机遥感和已有的野外地质路线调查等数据，挖掘通行条件好的重点调查地区的地质地貌信息，减少野外工作量，节约人力、物力和时间。

随着无人机遥感技术的进一步完善和科学技术进步，以及各种小型传感器在无人机上的应用，无人机遥感技术将成为地质灾害调查及环境监测等遥感应用不可缺少的重要手段。

（三）工作部署及工作部署图

根据地质条件、工作条件、研究程度、地质问题、服务对象等不同，工作重点、工作内容、成果表达要有所侧重和区别，并在设计书中加以明确。根据服务对象及调查内容需要，加强碳酸盐岩层序地层、沉积（微）相、微体古生物、同位素地层、岩溶地貌景观等的调查研究，提交相关地质图、地貌图及专题图件，加强关键剖面和典型岩溶景观调查研究。加强预研究工作，提高调查的针对性和解决问题的有效性。高精度遥感、三维扫描、物探等工作应遵循兼顾调查精度与经济适宜的原则布置。对区内关键地质问题和重大应用需求开展专题调查研究，提高图幅地质研究水平和成果的全社会有效应用。

项目承担单位应具有相适应的区域地质调查专业队伍，根据工作任务和专业技术内容等合理配置相关专业技术人员，应包括地层古生物、岩石、构造、岩溶地貌、物探、地球化学、矿产、遥感等必要专业技术人员。

（四）设计编制

设计书应按照项目主管部门下达的任务书要求，依照有关技术标准，在充分收集前人资料、预研究、野外踏勘的基础上，针对调查区的具体地质情况和自然地理条件等据实编制。主要包括项目概况、资料收集整理、区域地质地貌概况、填图单元拟定、工作内容与工作部署、预期成果、预算编制、设备使用、设计附图（主要附图包括 1：5 万设计地质图、1：5 万遥感解译地质地貌图及工作部署图等）。

二、野外填图与施工

（一）地质剖面测量

对填图过程中初步选出的剖面依据《区域地质调查技术要求（1：50000）》（DD 2019—01）执行。野外记录要详细描述岩性、沉积结构构造、基本层序、重要界面特征及性质、暴露标志、岩溶发育特征等，岩性、岩石结构构造、微体化石等要借助稀盐酸、放大镜等仔细观察辨别，切忌凭经验识别，要获得较多的地质信息，丰富剖面资料内容。重视标志层、非正式地层单位的划分及应用，更好地用于不同地区剖面对比研究。

剖面上要完成主要的样品采集，主要包括岩矿、岩石地球化学、同位素、古地磁等样品。要逐层耐心寻找和采集大化石，在大化石不足的情况下，尤其要在组、段界线附近尽可能多地采集牙形刺或其他微体化石样品。

（二）路线地质、地貌调查

调查内容、记录内容及样品采集等按照《区域地质调查技术要求（1：50000）》（DD 2019—01）、《覆盖区区域地质调查技术要求》（DD 2021—01）执行。野外记录要认真记录岩性、构造、地貌等。要求层次清楚、描述详细、文理通顺、概念准确、重点突出、产状测量正确，并说明产状性质（层理、层面、流面、古流向、线理、断层面、接触界面、岩性界面、叶理等）。路线记录要当日完成基本整理并附相应的路线剖面图，岩矿鉴定、古生物化石鉴定及其他分析测试成果报告收到应及时补充批注。

（三）专题调查

对测区内典型岩溶地貌及洞穴景观（朱学稳等，1988；袁道先，1988；熊康宁，1994）、地质遗迹等开展专题调查，提高研究程度和资源有效利用，服务生态文明建设。

（1）岩溶隐伏构造调查：对缺水地区或对工程建设有重要影响的隐伏岩溶构造，采用专项深部地球物理探测剖面进行调查，查明其规模、产状、富水性特征等，评价其开发利用可行性或对工程建设的影响等。

（2）典型岩溶地貌及洞穴景观、地质遗迹调查：采用无人机航拍、三维地质扫描技术对典型岩溶地貌、洞穴景观及地质遗迹等开展专项调查，构建三维结构模型，查明其类型、分布特征、规模、成因等，分析景观的科学价值、美学价值等（邓亚东等，2021；罗书文等，2022）。

三、资料综合整理与成果提交

资料整理贯穿于整个地质调查周期的各个阶段。最终资料整理要全面提升重要地质问题、资源和环境问题的研究程度，相关地质调查报告按照《区域地质调查技术要求（1 ： 50000）》（DD 2019—01）执行。

提交的成果图件可以将区域地质图与岩溶地貌图叠加在一张图上，岩溶地貌特别发育的地区，可以将地质图和岩溶地貌图分开做成二连图。岩溶地貌图主要表达岩溶地貌景观分布及发育规律图。宏观岩溶地貌可以较好地在地貌图上反映出来，而微观溶蚀形态则多以高精度三维激光扫描、电镜扫描图及文字释义形式在图件下方加以说明。

第五章　特殊地质地貌区填图航空物探与遥感填图技术方法

第一节　目标任务

一、目的任务

特殊地质地貌区地质填图中航空物探与遥感技术应用是以当代地球科学系统观和先进地学理论为指导，以航空物探、遥感技术为基础，综合应用地质、地面物探、化探、钻探等多种资料对不同类型特殊地质地貌区地表及地下一定深度范围的地质现象进行识别，尽可能地揭示各类岩石、构造、矿产以及其他各种地质体的特征。

特殊地质地貌区地质填图中航空物探与遥感技术应用的基本任务是通过收集及实测特殊地质地貌区航空物探及遥感数据，根据地质填图目标，编制特殊地质地貌区航空物探基础图件、转换图件和推断岩性构造图件，编制遥感影像及处理图和遥感地质解译图，从而研究特殊地质地貌区的地层、岩石、构造基本特征及成矿地质背景。

二、基本要求

根据研究任务和进展情况，要求适时开展物性测定、地面物探测量、遥感实地踏勘，以及航空物探和遥感推断解释（译）结果的地面验证工作。地面测量及验证工作的具体内容应在任务书和设计书中加以明确，技术指标及要求参照已发布的相关技术标准和规范执行，航空物探与遥感技术方法应针对不同类型特殊地质地貌区的特点适当选择。

第二节　航空物探与遥感技术方法特征

航空物探：全称为航空地球物理勘探，是通过装载在飞行器上的专用地球物理勘探仪器，在航行过程中探测地球物理场变化，并据此研究航行覆盖区域的地质特征和规律，开展地质调查、资源勘查等活动的一种地球物理调查技术，是地质学的分支学科。其理论基础是基于岩（矿）石的物性差异，从宏观角度通过非接触方式获取地质与矿产资源信息。主要方法有航空磁法、航空放射性法、航空电法、航空重力法等。

遥感技术：遥感即遥远感知，是在不直接接触的情况下，对目标或自然现象远距离探测和感知的一种技术，电磁波、机械波（声波）、重力场、地磁场等都可以用作遥感。目前人们所说的遥感技术，简称为遥感，主要是根据电磁波的理论，应用各种传感仪器对远距离目标所辐射和反射的电磁波信息进行收集、处理，并最后成像，从而对地面各种景物进行探测和识别的一种综合技术。

遥感地质：是综合应用现代遥感技术来研究地质规律，进行地质调查和资源勘查的一种方法。它从宏观的角度，着眼于由空中取得的地质信息，即以各种地质体对电磁辐射的反应作为基本依据，结合其他各种地质资料及遥感资料的综合应用，以分析、判断一定地区内的地质构造情况。

航空物探具有速度快、效率高、使用人员少、能短期获得大面积区域物探资料等优点。由于空中和飞行测量不受地面条件限制，可在一些地形条件、气候条件比较困难的地区，如高寒地区、陡峭山区、原始森林、沼泽湖泊等开展工作，并可获取精度较均一的大面积物探测量数据。而且，由于不同的空中测量高度可探测不同覆盖范围和不同地下深度的地质体异常特征，具有对地表以下不同深度地质体的"透视"功能。但由于受飞行器离地高度以及定位技术设备的影响，对于识别异常值较小或地质体较小的目标体，相对于地面物探分辨率及定位精度要低些，因此，需要综合应用地质、化探、钻探等多种资料并进行必要的地面物探补充工作。

遥感技术也是一种非接触的远距离的探测技术。遥感测量同样具有受地理条件和气候条件限制少的特点，可对各种地质地貌区域进行地质填图，尤其是在自然条件恶劣地面工作难以开展的地区较容易获取资料。遥感资料具有获取方便、覆盖范围广、信息丰富、便于大范围不同时相对比等特点，在地质填图中利用各种不同分辨率和不同时相的航空航天遥感影像特征以及详细的地质解译结果，可以指导野外实地调查路线，提高地质调查详细程度，从而提高地质填图的效率，提高填图质量。由于遥感解译结果是间接信息，受计算机判读误差和解译人员经验等因素影响，解译结果与实际情况可能存在出入，因此必须进行野外实地验证。

第三节 主要工作内容及实施要求

特殊地质地貌区地质填图中航空物探与遥感技术应用的工作内容主要包括：基本资料准备，设计编审，物性测定及实地踏勘，航空物探数据处理、编图及解释，遥感影像数据处理及解译，实地检查验证，成果报告编写及资料归档。

具体工作内容及实施要求叙述于下。

一、基本资料准备

（一）地理底图

地理底图应采用自然资源部公布的 1∶5 万地形图或国家基础地理信息中心提供的 1∶5 万矢量化地形图。以往开展过区域地质调查工作的特殊地质地貌区，应收集以往 1∶20 万或更大比例尺的地质图。

（二）航空物探及遥感资料

航空物探应收集或实测 1∶5 万及更大比例尺测量剖面数据或基础图件，遥感影像资料宜采用空间分辨率优于 2m 的遥感数据。

（三）前人资料收集

收集调查区已有的资料主要包括地质、资源与环境、物探、化探、遥感、钻探等揭露工程等调查、研究成果，还应收集调查区及周边地区岩（矿）石物性参数资料。对不同时期形成的各种地质资料进行全面综合分析，总结航空物探和遥感资料的解释（译）标志。

查阅调查区有关人文、地理、气候、交通等方面资料，详细了解调查区野外工作条件，为物性测量和异常踏勘等野外工作开展提供必要的地形、道路、居住等背景资料。收集 1∶20 万及更大比例尺区域性地质及航空物探资料，总结区域性地质及隐伏区域构造特征。

（四）航空物探资料整理与分析

航空物探资料是特殊地质地貌区地质填图的重要基础资料，项目应在野外工作开展之前完成数据处理，并编制与填图比例尺一致的航空物探基础图件。

通过物探数据的各类常规处理和对场源空间特征的分析，结合区域地质构造特征及地质体物性差异，系统地分析构造、岩体、地层引起的地球物理场不同特性，形成航空物探综合推断解释标志。

充分利用收集到的钻孔资料可以测定岩心物性参数，也可利用物性测井资料反演物性参数，了解岩石的垂向变化规律，为综合利用航空物探资料进行基岩地质填图奠定基础。利用解译标志，并和野外实际调查紧密配合，达到合理推断区域地质构造及岩性填图的目的。依据地质填图目标，补充测量调查区内及周边地区岩石物性参数，如磁化率、剩磁、电阻率、极化率、密度等，细化航空物探岩性与构造填图成果（于长春等，2022）。

在综合研究和解释推断的基础上，在覆盖区，结合地面地质、物化探、钻孔等地质资料编制航空物探推断解释成果图。

（五）遥感资料整理与分析

通过对地理、地质资料的分析，了解测区地理环境特征、地质工作程度和存在的主要问题，确定遥感地质工作的方法和重点。全面了解测区的影像数据，根据不同地质地貌区的特征，有针对性地选择主导性和辅助性遥感影像数据。

应在野外工作开展之前完成图像的处理和编制。在艰险区、岩溶区、活动构造发育区以及厚风化层覆盖区，尤其要重视遥感影像资料的收集与处理。

特殊地质地貌区的遥感解译应采用多源遥感数据协同解译。高分卫星数据在分辨率上具有较大的优势，能够区分更细小的地物。大量实测数据的统计表明高分卫星融合影像数据能有效地识别直径大于15m的闭合地质体，宽度大于5m、长度大于15m的块状地质体，长度大于20m或宽大于10m的线状地物（断裂、脉岩等）。对于基岩裸露区，可综合选择高分遥感影像和Landsat-8 OLI数据。对于植被覆盖等浅覆盖区，由于雷达数据具有全天候、全天时、穿透性强等优势，可综合选择高分数据和雷达数据等。

尽可能收集多时相、多波段分辨率高的遥感数据，选择其中现势性强、各种干扰小、特征信息量（色调、形态等）丰富的数据作为基础遥感图像数据。一般情况下选用最新的遥感影像数据，且图像中云、雪分布面积应小于测区的5%，特殊情况下可放宽到10%，但不能覆盖主要的地质体。

应分别采用预处理、基础图像处理和专题图像处理等多种类型的遥感数据处理方法，以获取满足特殊地质地貌区填图各个阶段所需要的遥感数据图像。依据收集的最新地质资料，对处理后遥感影像进行解译，编制遥感解译地质图。在重要成矿区带可以提取与成矿关系密切的遥感异常，为填图过程中可能开展成矿规律图编制和进行矿产预测提供资料（杨建民等，2006）。

经处理的遥感影像及解译地质图应整合在数字填图系统中，作为野外数据采集的基础背景图层。

遥感地质解译应贯穿特殊地质地貌区填图的全过程。

（六）其他资料综合整理与分析

分析研究地质、地球物理、地球化学、钻探等其他资料，为航空物探解释和遥感解译提供资料，为物性测定、地面物探、化探、钻孔等揭露工程工作的部署和开展提供依据。

二、设计编审

根据项目主管单位下达的任务书，针对填图区的地质地球物理和自然地理条件，在对前人资料综合分析研究基础上编写设计。

（一）设计书主要内容

设计书内容主要包括：项目基本情况；任务目标；研究现状；技术路线、方法及有关要求、工作部署；质量管理；预期成果和经费预算等。设计书中涉及的各种工作方法的技术要求，应根据相应的规范或规定编制。设计书内容要齐全，文字应简明扼要。

（二）设计书编写提纲

设计书编写提纲应包括以下内容：

（1）前言：简要叙述项目背景、归属、工作期限等基本情况以及论述项目任务目标、工作内容。简述特殊地质地貌地区自然地理概况、测区交通位置（附测区交通位置简图）。

（2）以往工作程度：介绍特殊地质地貌地区地质、物探、化探、遥感调查历史、研究程度及评价。

（3）地质和矿产资源概况及存在的主要问题：简述特殊地质地貌地区大地构造位置，测区内沉积地层、侵入岩、变质岩及特殊的地质体以及构造特征和存在的主要问题。简述特殊地质地貌地区的各种矿产资源、水文、工程、环境等概况。

（4）技术路线、方法及有关要求：简述技术路线、工作方法、技术方案及有关要求等，结合特殊地质地貌地区情况及存在的地质问题，以现代先进地质理论为前提，阐述方法技术选择、技术思路和技术措施等有关要求。

（5）工作部署：简述人员组织、技术装备、工作计划、工作程序、时间安排、计划实物工作量。

（6）质量保证：简述航空物探和遥感技术在特殊地质地貌区填图中应用的质量保证体系。

（7）预期成果：简要说明通过本次工作预期取得的主要成果。

（8）经费预算：根据预算编制的标准和有关要求，编制各工作阶段（或项目）的经费预算及说明，并附经费预算表。

（三）设计书审查

设计书应经主管部门审查批准后实施。经批准的设计书是进行航空物探和遥感技术在特殊地质地貌区填图中应用质量监控及其成果评审验收的主要依据。

在设计执行过程中不应随意更改，因客观原因确需变更设计时，应及时将变更意见呈报审批单位，经批准后方可实施。

三、物性测定及实地踏勘

（一）航空物探物性测定和实地踏勘

物性测定的目的是为航空物探资料解释提供物性依据，物性测定结果的细致程度及系统性对于保证区域岩性填图准确性非常重要。实地踏勘是了解及修改航空物探推断解释成果的必要步骤。通过实地踏勘可以了解异常区的地质矿产特征和岩（矿）石物性特征，初步判断航空物探异常的形成原因，以及下伏基岩可能的岩性特征，为室内进一步的资料解释工作提供依据。

工作前编写野外物性测定与实地踏勘工作计划，主要内容涉及目的任务、自然地理概况、仪器设备、工作方法、工作路线、周期、人员、预算、安全预案等。对人文设施、标本采集地、物性测量点、地质观察点和见到地质现象的位置，应使用高精度手持 GPS 仪测量其坐标。野外所测物性点的数据记录应清晰、规整，注明点号、位置、岩性、地质环境和实测磁化率值、密度值、电性参数、放射性参数。标本标识清晰，注明点号、采集地点及野外定名，定向标本还应注明定向面的走向、倾向和倾角。对人文设施、地貌景观、特殊地质构造场景和矿化与蚀变露头，应拍摄清晰的照片，并及时编号。

踏勘中应目视观察异常区的人文建筑物特征，分析其引起地球物理场的特征；记录观察区的地质地貌特征及地质体出露情况、地质构造特征和矿化与蚀变现象。

岩（矿）石物性测定内容应根据航空物探方法确定所测的具体参数。岩（矿）石磁化率测定的测量位置应平整，同一种岩性的测量数据应大于等于 30 个。物性测量点要包括不同时代、不同岩性的地层或岩体，并对野外踏勘所采集的标本进行物性测量，要在平面分布上尽可能均匀覆盖。岩（矿）石的密度测定可使用专用密度测量仪器进行，测量精度应优于 $10kg/m^3$。电阻率、幅频率等电性参数可以在露头、探槽等岩（矿）石表面采用对称小四极装置测定。

对发现的矿化或蚀变岩石、无法定名的岩石，应采集岩（矿）石标本，以便进行室内的岩性鉴定。所采标本应是新鲜、未风化、未经挪动的岩石，地层产状清楚。一般磁化率大于 $3\times10^{-2}SI$ 的岩（矿）石采集定向标本并进行剩余磁化强度测定，具体根据测区物性情况确定采集定向标本时所要求的磁化率。

对当天采集的数据及时进行统计分析整理，规划好第二天工作路线。野外物性测量与异常踏勘结束后，应形成填图区物性特征测量与分析成果。

（二）遥感实地踏勘

当收集的资料不足以有效地建立测区地质解译标志时，可根据需要进行实地踏勘。踏勘路线应根据测区（不同自然地理－地质景观区）建立解译标志的需要合理地加以部署，路线应力求通行条件最好、穿越的影像岩石单位最多。路线上应着重了解各种地质体、地质构造的影像特征，研究地质体划分及确定相邻地质体之间界线的特征解译标志。在条件允许时，收集测区主要成矿类型的矿石及蚀变围岩岩石标本进行室内光谱测试。

四、航空物探数据处理、编图及解释

（一）航空物探数据处理与编图

不同年代测量或不同比例尺的航空物探数据，应进行编图处理，包括坐标系、零线水平和测量高度等方面的处理，编制剖面平面图或等值线平面图等基础图件。根据地质任务和测区特点选择合适的数据处理方法，突出有用地质信息，利用主流的 GIS 软件和自主研发的专业成图软件编制航空物探数据处理图件。

航空物探数据处理主要包括：航磁数据处理、估算磁性地质体埋深、磁异常正反演拟合计算、航空电磁法数据处理及转换、航空电磁法数据反演解释、重力数据处理、航空伽马能谱数据处理等。

（二）航空物探异常解释及要求

1. 航空物探异常定性解释要求

定性解释包括确定引起航空物探异常的地质成因、断裂构造划分等内容。定性解释是解释工作的开始，也是定量解释、地质解释工作的基础。应结合已有的勘探资料、前人的地质认识成果及存在的意见分歧等，提出合理、客观、创新性的认识。

通过对地球物理场特征的分析研究，结合数据处理图件，分析引起地球物理场变化的主导因素，达到对地球物理场的定性认识。

2. 航空物探异常定量解释要求

定量解释应建立在定性解释的基础上。定性解释为定量解释提供先验模型，定量解释为定性解释提供依据。定性和定量解释应互为补充，在实际工作中，二者应反复进行，不断深化对地球物理场的地质认识。定量解释应具有一定的地质先验信息资料，如钻井资料、地震勘探资料或其他地球物理勘探资料等。在条件允许的前提下，应尽可能收集更多、更丰富的资料，作为解释推断的约束条件。

定量解释主要包括局部异常的定量计算、剖面拟合解释、密度界面反演计算等内容。局部异常定量解释的目的在于查明引起异常的地质成因、局部构造的二维剖面形态及构造样式，计算时应依据局部异常的变化特征，设计较合理的地质体模型，完成定量解释。剖面定量解释的目的在于查明研究区各沉积层的起伏变化，了解研究区的地质结构、基底形态、断裂构造、二维剖面形态及构造样式。

3. 航空物探推断解释内容及要求

航磁资料推断解释主要内容主要包括：推断岩浆岩、变质岩、蚀变岩等磁性地质体的平面分布及其埋深（吴成平等，2022），推断断裂、火山机构等构造的平面分布，计算磁性基底埋深等。

航空伽马能谱资料推断解释主要包括：根据岩石、土壤的放射性特征，划分各种填图单元（包括地层、岩体等）。对第四系岩性、地貌的解释，应根据物性特点，划分冲洪积扇、古（故）河道及第四纪土壤类型等。

重力资料推断解释主要内容包括：推断岩浆岩、变质岩、沉积岩等地质体的平面分布及其埋深，推断断裂、火山机构等构造的平面分布，计算特定构造层、基底等的埋深等。

航空电磁资料推断解释主要内容包括：推断第四系厚度、岩性分布（张迪硕等，2022）、断裂分布等。

断裂构造划分应以航磁、航电资料为主，参考航空伽马能谱等资料。对推断划分的断裂构造（或断裂带）应逐条登记，编制主要断裂构造简表；并对断裂及断裂带相互之间的关系、特征进行讨论，论证成因和性质。

岩性地层组合单元的分布应以岩石物性特征进行综合分析、判断。提取基岩面地质构造信息时，要滤掉浅部和深部的异常信息，尽量保留反映基岩面上或近基岩面附近的异常特征，一般是通过进行多次试验后，从获取的重、磁剩余异常图及垂向导数图上实现。在基岩地质构造填图过程中，可通过计算磁异常源体深度编制磁性体最小埋藏深度图，并提取基岩深度值。

利用航磁和重力资料，结合航空电磁资料，进行全区侵入岩和火山岩分布区的识别，深入研究岩体的空间形态及与其他地质构造的关系。对侵入岩体进行登记，建立侵入岩体登记表，其内容包括岩体编号、名称、岩性、中心位置、规模、走向、异常特征、所处地质构造背景等。

五、遥感影像数据处理及解译

（一）遥感影像处理

遥感影像处理包括：影像预处理、影像融合、影像几何校正、影像数字镶嵌、影像增强、影像切割等。

（二）遥感解译内容及要求

1. 初步解译

以遥感影像为主要依据，根据任务要求对遥感地质要素进行初步解译，了解其区域发育特点，概略划分各类要素的类别，对照现有资料初步建立解译标志，对所需信息进行试提取，确定具有特征解译标志要素的属性，初步建立影像单元。

通过对收集的最新时相遥感影像的解译，对前期收集的水域、道路、居民点等地理资料进行更新。根据区域岩石、构造及其他要素的分布特点，选择合适的踏勘路线。在消化吸收已有地质、遥感等资料，初步掌握测区基本地质特征和遥感影像特征的基础上，以遥感影像图为主信息源，以影像单元为单位，编制解译草图。解译草图是过渡性图件，编图单位的属性分类和命名皆以影像为基础。踏勘工作内容、位置等均应标注在解译草图上，踏勘路线应部署在通行条件好、穿越的影像单元最多、露头较好的地段。

在初步解译和后期的详细解译过程中，应根据遥感地质要素的影像特征填写遥感地质要素解译卡片。

2. 详细解译

在详细解译阶段，应根据不同区域地质体可识别程度的高低，对工作区进行可解译程度划分，为后期野外验证路线的部署提供依据。可解译程度一般分为高、中、低三级。根据野外踏勘建立的影像与地面的对应关系和波谱测试数据，对所需的遥感信息进行详细的提取和筛选（荆林海和沈远超，2001）。以踏勘建立的解译标志为基础，对影像进行系统详细的解译，确定或推断各类地质要素的属性、产状、形态、接触关系、级别和序次。针对重点地质问题，采用更高分辨率的遥感影像或借助专题影像处理、三维立体观察等技术手段深入解译。根据详细解译结果，以具有地质属性的影像岩石单元作为编图单位，按照相关行业标准中规定的图式图例和符号，编制遥感初步解译地质图。遥感初步解译地质图是阶段性成果图件，可以为野外地质调查（验证）路线和野外观察点的布置提供依据。

3. 不同特殊地质地貌区遥感解译

针对不同特殊地质地貌区应选取不同的遥感数据类型，采用不同的遥感数据处理手段和遥感解译方法，增强填图目标物的信息识别能力，达到不同特殊地质地貌区的地质填图目的。不同特殊地质地貌区主要包括高山峡谷区、高山峡谷基岩裸露区、南方强风化区、荒漠草原浅覆盖区、深覆盖区，以及新构造与活动构造区等。

六、实地检查验证

属性不明的解释（译）成果，可根据需要进行实地检查，查明属性和特征；已认定属性的解释（译）成果，可根据需要随机抽样进行实地验证，评价解释（译）可靠程度。

实地检查可用路线地质方法进行工作，沿线应绘制路线剖面图进行观察记录。也可采用定点观测方法进行工作，点上应有详细的观测记录。检查过程中要采集必要的标本、样品。

实地检查、验证路线及观测点应在实际材料图中标出。解释（译）人员应与野外填图人员进行充分交流，了解解释（译）过程中存在疑问的地质现象的野外观察情况，对初步解释（译）地质图上的错误或不足之处进行修改、补充。

七、成果报告编写及资料归档

成果报告主要内容包括：概括介绍工作目的与任务完成情况，工作方法及质量，地质、地球物理及遥感特征，工作成果，结论与建议。

归档资料包括：基础图件、数据处理图件、解释（译）图件及文字成果报告。

第四节　主要技术方法及要求

一、航空物探数据处理和图件编制方法

（一）航磁数据处理常用方法

航磁数据处理常用方法包括各种滤波、归算到磁极（简称化极，下同）或归算到赤道处理（简称化赤，下同）、上延处理、垂向导数处理、水平梯度模或方向导数处理、航磁剖面剩余异常提取、视磁化率计算等。对于磁测资料，一般应先进行化极处理，并在化极的基础上进行位场转换处理。

化极或化赤：中高纬度一般指磁倾角为 30°～90°、低纬度指磁倾角为 0°～30°。在中高纬度地区采用正常的化极方法，在低纬度地区可根据解释需要采用低纬度的特殊化极处理方法。对测区纬度跨度不超过 3°范围的测区，全区可采用一个固定地磁倾角方法进行化极；对测区纬度跨度超过 3°范围的测区，宜采用变地磁倾角方法进行化极；在低纬度地区可根据解释需要确定化赤处理。

上延处理：在原始磁场基础上，根据解释需要可选择数个不同的高度分别做向上延拓处理；在化极或化赤磁场基础上，根据解释需要可选择数个不同的高度分别做向上延拓处理。

垂向导数处理：在原始磁场基础上，根据解释需要可进行垂向一次导数处理；在化极或化赤磁场基础上，根据解释需要可进行垂向一次导数处理。

水平梯度模或方向导数处理：为在水平面上全方位突出磁场的梯度变化带，应在化极或化赤基础上进行水平梯度模处理；为在水平面上突出线性磁异常带的变化情况，应在化极或化赤基础上选择在与其垂直的相应方位上进行方向导数处理。

航磁剖面剩余异常提取：为在剖面图上突出局部剩余异常，可选用空间域非线性滤波方法或剖面上延方法进行相应高度航磁剖面剩余异常提取。

视磁化率转换：视磁化率转换的基本思想是把实测磁场看成是由许多等效直立棱柱体所产生的磁场叠加而成。根据实测航磁图计算出每个等效棱柱体的磁化率就可以得出一张磁化率分布图（Bamdrick 和左海燕，1983；孙运生，1983）。对实际磁测数据经过合理的高低通滤波，然后进行化磁极、向下延拓和水平尺寸因子改正就得到相应的视磁化率值。由于视磁化率转换中做了一些基本理论假设，在滤波中要注意合理地选择各项参数，特别对区域场和高频干扰的滤波尤为重要。

（二）估算磁性地质体埋深的方法

估算磁性地质体埋深的方法包括切线法、外奎尔法、欧拉反褶积计算法，各种方法应

根据数据及实际地质情况选择使用。

切线法：利用磁场剖面数据，采用手工或人机交互的方法计算板状磁性体顶面埋藏深度。

外奎尔法：利用磁场剖面数据，ΔT 异常曲线两侧拐点附近最陡斜率与切线较重合部分的水平投影距离乘以一个系数，即是磁性体顶板平均埋藏深度。这是一种近似的方法，也是生产实践中应用十分广泛的方法。

（三）磁异常正反演拟合计算

磁异常正反演拟合计算包括人机交互 2.5D 正反演拟合计算、3D 正反演拟合计算和 3D 物性自动反演计算。

人机交互 2.5D 正反演拟合计算：采用多边形截面的二度半体，进行剖面磁异常的正反演拟合计算，获得磁异常体的分布情况，通过组合算法可近似获得网格磁异常对应的三维磁异常体的分布情况。

3D 正反演拟合计算：采用磁异常三度体人机联作反演方法完成计算。

3D 物性自动反演计算：采用起伏地形条件下，磁异常三维自动反演方法和专用软件计算。

（四）航空电磁法数据处理及转换方法

航空电磁法数据处理及转换方法包括各种滤波、视电阻率（视电导率）转换、视磁导率及视介电常数计算等。

视电阻率（视电导率）转换：以均匀半空间上方的电磁响应公式为基础，在给定初始电阻率和深度的情况下，利用数值积分或数值滤波等方法计算在此种条件下的电磁理论响应值，并将其与每个观测点的实测实分量和虚分量的响应值进行对比，通过改变输入的电阻率和深度值，使实测和理论计算的实分量和虚分量的响应值之间，在最小二乘意义上获得最小的误差（吴成平等，2009）。即当搜索间隔小于输出电阻率值时给定的相对小数误差时，其最小化搜索停止，此时对应的电阻率即为该观测点所对应的视电阻率。视电导率为视电阻率值的倒数。

根据填图目标，必要情况下可进行视磁导率及视介电常数计算。

（五）航空电磁法数据反演解释方法

航空电磁法数据反演解释方法包括质心深度方法、马奎特反演、Occam 反演、三维自动反演等，各种方法应根据数据及实际地质情况选择使用。

质心深度方法：根据频率域电磁法趋肤效应原理，可将每一个频率的观测结果转换成对应的一个质心深度和（视）电阻率，其计算结果与实际地质剖面的电性分布相似，并称为质心深度法。

利用该方法计算的对应频率层的质心深度公式为

$$z^* = D_a - h + 0.5\sqrt{2\rho_a / \omega\mu_0}$$

式中，D_a 为以均匀半空间模型进行反演计算时，探头到半空间表面的视距离，m；h 为探头离地高度，m；ρ_a 为该半空间（或视）电阻率，$\Omega \cdot m$；$\omega = 2\pi f$，f 为线圈发射频率，Hz；$\mu_0 = 4\pi \times 10^{-7} H/m$。

将各频率对应的 D_a 参数与视电阻率 ρ_a 组合成 $\rho_a(z^*)$，函数 $\rho_a(z^*)$ 近似于 $\rho(z)$ 分布。通常将横坐标表示剖面，纵坐标表示 z^*，形成电阻率 - 深度拟断面。电阻率 - 深度拟断面基本反映地下介质电性纵向分布特征，为重点异常的地质解释提供了依据。

马奎特反演：也叫阻尼最小二乘反演，是一种基于最小二乘准则的反演方法，通过最小化仅包含数据残差的一个目标函数来求得模型最优解的反演方法。原始测量数据需要进行噪声处理和水平调整，并设定收发距、工作频率、飞行高度等参数，然后给定初始模型，将地质体分为 N 层，给定每层的厚度及电阻率参数，经过反演拟合，当测线绝大部分测点的最终拟合差值达到了期望拟合差时停止迭代，反演结束。马奎特反演过程只追求模拟数据与原始测量数据的最大拟合，反演结果受初始模型影响大，但具有算法简单、计算速度快的特点。

Occam 反演：在算法中引入描述模型光滑程度的参数——粗糙度，对于给定的模型初始值，经过一系列的迭代，得到一个具有最小粗糙度并达到希望拟合差的结果模型则停止迭代。在实际的反演计算中，通常选取均匀半空间模型作为 Occam 反演的初始模型（可通过一维搜索法获取）。在追求模拟数据与原始测量曲线最大拟合的同时，要求模型数据最平滑或最圆滑，因而受初始模型影响小，能够达到稳定收敛（周道卿等，2006）。

（六）重力数据处理

数据处理是针对经各项外部改正后的航空布格重力异常进行的，可使用周边重力数据进行扩边处理，以减少边界效应。

常用处理方法包括圆滑、向上、向下解析延拓、趋势分析、多阶垂向导数、水平导数、不同方法提取剩余异常（圆环法、窗口法）、各种滤波法、多次切割法、先验模型正演计算剥离及曲化平等方法。根据提取重力异常的需要，可采用多种处理方法组合使用。

（七）航空伽马能谱数据处理

可进行放射性元素的各种比值分析（U/K、U/Th、Th/K、K×U/Th 等），计算总量或 U、Th、K 元素的变异系数、三元素假彩色合成、聚类分析、主分量分析，以及以先验地质资料为基础的能谱数据统计分析。

数据统计分析：按地质单元对全测区各参数作统计，求出最大值、最小值、平均值、均方差等，为岩性填图提供放射性场信息。

比值计算：能谱数据转换成地面放射性核素含量后，一般情况下应根据岩性填图需要计算不同元素含量比值。为防止出现比值失真，元素含量低于测量精度的点不参与比值计算。

二、航空物探异常解释方法

（一）航空物探异常定性解释

异常的定性解释一般是通过对地球物理场的各种基础图件和处理图件进行综合对比、分析，并应结合已有地质或其他勘探成果资料来进行定性解释，以达到对研究区局部构造及沉积地层分布特征的定性认识。

（二）航空物探异常定量解释

定量解释的任务是运用各种定量反演方法求取有关场源（拟探测目标物或目标层）的几何参数和物性参数。定量解释方法主要包括局部异常的定量计算、剖面拟合解释、密度界面反演计算等内容。剖面计算时，应依据地球物理场的变化特征、分析制约异常变化的主导因素，结合对区内地质构造的认识，设计较合理的地质初始模型；建立定量计算的地质－地球物理模型，通过对地球物理场的正演拟合计算，反复修改地质－地球物理模型，完成定量解释。

（三）航空物探推断解释方法

断裂构造划分：以航磁、航电资料为主，参考航空伽马能谱等资料。航磁资料根据不同磁场区的分界线、串珠状异常带、线性异常带、异常截止带、突变带、错动带进行断裂构造的划分。航空电磁资料则主要利用实虚分量高值异常带、异常错动带、线性异常带进行断裂构造划分（Watson，1997；郑广如等，2003；张庆洲等，2011；于长春等，2016）。航空伽马能谱资料根据线性异常带、不同特征场的分界线、串珠状异常带、异常错动带划分断裂构造（王卫平等，2009；丁志强等，2013）。综合分析特征线信息，按断裂特征模型确定主要断裂或断裂带，按照断裂及断裂带规模、深度及对构造单元的控制作用等划分等级。

岩性地层组合单元的分布：根据重力异常和航磁异常计算视密度分布图和视磁化强度分布图，以岩石物性特征进行综合分析，判断岩性地层组合单元的分布。航磁、重力资料在圈定岩性地层组合单元的边界范围时，通常使用垂向导数的零值线及剩余异常的梯度带。

基岩深度计算：一般使用切线法、外奎尔、径向功率谱或欧拉反褶积方法，在基岩埋深较大的平原区，利用航空物探资料计算基岩深度有重要意义。计算结果可编制磁性体最小埋藏深度图并提取基岩深度值。

岩体分布识别：以航磁和重力异常特征为主，依据岩浆岩体的地质－地球物理模型（或特征），进行全区侵入岩和火山岩分布区的识别。根据垂向导数的零值线及剩余异常梯度带确定侵入岩体的边界。对航磁和重力局部异常进行反演计算，获得埋深、视密度、视磁化强度等参数。并选择重要的岩体异常，进行重、磁综合剖面正反演拟合计算，深入研究岩体的空间形态及与其他地质构造的关系（Foss，2002；滕龙等，2014）。通过航空电磁资料的反演计算，获取地下空间电性分布特征，辅助重磁资料进行岩浆岩体的圈定。

在结晶基底岩相构造推断中，由航磁和重力区域异常反演计算结晶基底埋藏深度，并根据航磁和重力异常线性特征确定基底断裂。

三、遥感图像数据处理及解译方法

（一）遥感图像处理方法

1. 图像预处理

噪声处理：当遥感影像存在明显噪声时，应进行噪声处理。一般选用高斯滤波、平滑滤波、自适应滤波方法进行噪声处理。

波段配准：当遥感图像不同波段之间的地理错位表现为整体位置平移时，应选用坐标平移方法进行图像波段配准，当遥感图像不同波段之间的地理错位表现为坐标旋转、缩放或扭曲变形时，应通过选取图像控制点进行图像波段配准。

2. 图像融合

图像配准：高空间分辨率的图像与较低空间分辨率多光谱图像进行融合处理时，应首先对两者进行图像配准。以高空间分辨率的图像为参考图像，选取同名地物点，将多光谱图像投影到高空间分辨率图像上，使这两种遥感图像在地理位置上精确对准；图像控制点应分布均匀，图像的边缘部分要有控制点；配准误差在平原和丘陵地区应不超过 1 个像元，山区可适当放宽到 1.5 个像元。图像重采样应采用立方卷积或双线性内插方法。

图像融合：在多光谱图像精确配准到高空间分辨率的图像上后进行图像融合处理；图像融合一般采用高通滤波、小波变换、色度空间变换等方法；为保证多光谱图像的光谱信息不失真，应使用光谱保真融合方法。

图像检查：图像融合后应检查图像是否出现重影、错位、失真等现象，检查图像纹理细节与色彩，判断融合前的图像处理是否合适、是否存在瑕疵。

3. 图像几何校正处理

多项式校正：在地形起伏不大、地形高差引起的遥感图像投影差较小的地区，如平原、丘陵地区，可以使用多项式模型校正方法，消去遥感图像的空间几何畸变，并将图像转换到地图投影系统上。选择大一个级次比例尺或同比例尺的线划地形图、数字地形图或影像地图，作为图像多项式校正的基础地形资料；选择经过卫星系统校正处理的遥感图像，作为多项式校正处理的基础遥感影像数据。以基础地形资料为基准，在基础遥感图像上，找出与其他地物相匹配的、均能正确识别和准确定位的明显地物作为控制点；控制点应分布均匀，图像边缘部分应有控制点；纠正公式采用几何多项式模型，控制点个数与多项式阶项（n）有关，控制点个数应大于（$n+1$）（$n+2$）/2+2；当阶项 $n=2$ 或更高时，一般要求每景控制点在 20 个以上；要求控制点拟合误差≤ 1.5 个像元。图像重采样方法一般选择立方卷积或双线性内插。

图像正射校正：在高差较大的山区，制作 1 ∶ 5 万遥感图像地图时，应对遥感图像进行正射处理，消去遥感图像的空间几何畸变，改正高差引起的图像投影差，形成正射图像。选择大一个级次的比例尺或同比例尺的线划地形图、数字地形图或影像地图，作为图像正射处理的基础地形资料；选择大一个级次的比例尺或同比例尺数字高程模型 DEM，作为图像正射处理的基础数字高程资料，如果数字高程模型与基础地形资料的数学基础不同，应先对这些地形数据作投影转换；选择预备正射标准产品遥感图像，作为正射处理的基础遥感资料。以基础地形资料为基准，在基础遥感图像上，找出与地形资料上地物相匹配的、均能正确识别和准确定位的明显地物作为地面控制点；控制点应分布均匀，图像边缘部分应有控制点分布，同时要考虑控制点在不同高程范围的分布；采用几何多项式模型时，控制点个数与多项式阶项（n）及地形情况有关，控制点个数应大于（$n+1$）（$n+2$）$/2$；要求控制点残差≤ 1.5 个像元。图像重采样方法一般选择立方卷积或双线性内插。

4. 图像数字镶嵌处理

当一幅影像地图涉及多景遥感图像时，应在图像几何校正或图像正射处理后进行图像镶嵌处理。

经过几何校正或正射处理的图像镶嵌，一般不需要选取图像控制点。如果拼接线附近出现图像错位大于 1 个像元时，应在附近位置选择同名点作为图像镶嵌控制点。其控制点拟合中误差应小于 1 个像元，拟合多项式阶次应小于 3 次。镶嵌拼接线应选择弯曲折线，以图像色彩变化较小处为镶嵌拼接线位置；当镶嵌图像之间存在色差时，应进行彩色匹配处理，以降低镶嵌图像之间的色彩差异；在拼接线两旁选用加权平均值方法进行羽化处理，进一步提高图像镶嵌质量。

图像重采样方法一般选择立方卷积或双线性内插。

5. 图像增强

一般选用累积直方图上下频率截止方法增强图像反差。在接触带、矿化蚀变带、火山岩区、高级变质区等地质情况复杂、可解译程度低的重点区段，选取拉伸、比值、滤波、主成分分析、视反射率、彩色空间变换等合适的信息增强处理方法，形成用于提取特定地质信息的专题图像。图像增强应适度，避免图像过度增强，特殊需要视情况而定。

6. 图像切割

按照国家基本比例尺地形图分幅的单个图幅范围切割地理编码遥感图像，切割遥感图像应以图幅范围最大外接四边矩形为最小面积。必要时可以向四周扩大 100 个左右像元。

（二）遥感解译方法

1. 遥感地质要素解译方法

1）沉积岩

沉积岩的解译内容包括岩石类型、接触关系、产状和岩石变化规律等。岩石类型或组合的划分，一般利用其特有的带状纹理和色调标志进行解译，地貌、水系类型等可以作为辅助解译标志。沉积岩解译一般以具有一定规模、延伸稳定、不宜再分的影像单元作为岩石类型划分和图件编制的基本单位；标志层要作为独立的岩石单位进行解译。解译过程中应充分利用三维立体观察等技术手段，提取地层三角面等地层产状信息，为区域构造分析提供帮助。解译工作应注意地层接触关系和岩石类型变化规律的研究，为研究岩相古地理环境的演化和沉积盆地的构造性质提供遥感地质信息。地层接触关系一般根据相邻地层产状是否协调一致等进行判定。

2）火山岩

火山岩的解译内容包括岩石类型或岩石组合、火山机构、火山盆（洼）地、区域火山活动特点等。火山岩一般根据喷发方式进行解译，先利用火山喷发过程中形成的放射状断裂构造、环形构造以及岩石的规律性分布等解译火山机构，然后根据火山岩的相变规律依次解译近火山口相及远火山口相岩石。火山岩岩石类型复杂、相变频繁，在岩石类型划分困难的情况下，可尝试进行岩石类型组合的解译。火山岩中的沉积岩夹层是分析火山活动的重要依据，应进行重点解译。遥感解译要对岩石类型进行划分，对火山口、火山锥、熔岩台地等进行重点解译。时代较新的火山机构要解译火山口、火山锥、火山锥周围的熔岩台地等；时代较老的火山机构可根据放射状水系、环形影像等标志进行推断。根据不同期次火山岩岩石的岩性组合特征、岩石区域分布特点及火山机构与区域构造的关系分析，可以解译区域火山喷发带、火山盆地（洼地）、火山群分布规律。

3）侵入岩

侵入岩的解译内容包括类型、范围、接触关系、期次和序列，对岩浆侵入作用方式、岩体产出条件和围岩蚀变进行研究，推断岩体就位机制。利用色调、纹理、形态、地貌、水系类型及与周围层状岩石的不协调关系等解译标志，确定岩体的分布范围，划分岩石类型。根据相邻岩体间边界形态的完整性、捕虏体结构特征、同心环带结构关系等解译标志，以岩浆岩演化理论为指导，推断岩体的侵入顺序。利用岩体的几何形态、同心环带岩石的分带现象、岩体就位时围岩的变形特点等解译标志，推断岩体的就位机制。根据岩体与围岩接触带的色调和微地貌异常推断围岩蚀变；根据形态、色调等解译标志确定岩脉的类别和范围；根据相互间的穿插关系推断岩脉的期次；根据岩脉的期次及分布特征研究岩浆活动和构造活动的期次及特点。遥感解译主要对出露面积较小的岩体、岩脉等进行详细解译，并对其边界进行准确厘定。

4）变质岩

变质岩的解译内容包括类型、范围、接触关系、变质变形构造。变质岩主要根据变质过程中形成的成分结构特征和构造特征，与未变质岩石在遥感影像上产生的色调、纹理结构和地形地貌差异等进行解译。变质表壳岩一般根据残留的带状影像进行解译，变质深成侵入体则根据其残留的块状影像进行解译。浅变质的沉积变质岩系保留了大量的原岩信息，一般可按照沉积岩的方法进行解译；以沉积变质岩为主的中深变质岩系往往保存有石英岩或大理岩，具有较明显的带状纹理和层状结构特征，解译过程中应尽可能进行变质岩群或岩组的划分及构造‐岩相分析。变质深成岩体一般根据残留的块状形态结构特征和变质地层间细微的影像差异等信息进行解译。中深变质岩中的多期透入性构造置换面理、塑性环境下的褶皱构造在遥感图像上有不同程度的反映，应根据断续细线纹理等间接标志提取片理、片麻理等构造信息，尽可能进行变质变形期次的划分。透镜状、肠状的石英岩和大理岩夹层对恢复原岩产状以及变质岩系的构造研究具有重要意义。

5）松散堆积物

松散堆积物的解译内容包括成因类型、分布范围和形成时代。陆相松散堆积物可划分为与重力、水、冰川和风等外营力有关的四种成因类型。遥感图像可以识别的松散堆积物有残积物、坡积物、洪积物、冲积物、湖积物及其混合类型，冰碛物与冰水沉积物，沙漠和黄土。松散堆积物是第四纪地貌的主要构成物质，因此一般根据其所形成地貌的形态、纹理、色调等标志进行解译，确定各类堆积物的分布范围和成因类型。松散堆积物主要依靠上下叠置关系和彼此间的相对海拔推断形成时代。一般情况下，现代河床与河漫滩堆积物、山岳冰川谷地堆积物、滨海与滨湖滩地堆积物属于全新统，构成河湖1～2级阶地的堆积物属于上更新统，3级以上高阶地大部分为中更新统，下更新统保存较少。我国大型新生代盆地的第四系与新近系常为连续沉积。

6）断裂构造

断裂构造的解译内容包括类型、产状、规模、断距、次序等。根据线性影像、两侧地质体空间位置的变化及接触关系等解译标志判定断裂的存在；根据断裂形态、岩石变形特征及两盘的相对运动关系等判断其类型；根据断层三角面等产状要素的立体观察，测定或推断断裂倾向和倾角；根据断裂两盘同一个地质体的位移计算断距；根据断裂延伸距离及断距的大小判断规模；根据断裂间的相互交切关系分析形成次序。

7）褶皱构造

褶皱构造的解译内容包括类型、规模、轴向和次序等。根据地层重复出现、走向转折、圈闭等变形解译标志，判断褶皱的存在；通过对枢纽等褶皱要素的测定推断类型；通过对组成褶皱新老地层的空间关系分析，确定褶皱的性质；通过对枢纽等产状要素的测定，推断褶皱的轴向；根据区域褶皱轴向的统计分析及褶皱间的叠加关系，推断褶皱的形成次序。为满足区域地质调查、矿产调查等专题需求，褶皱的转折端宜标注在解译图上。

8）环形构造

环形构造的解译内容包括环形构造的判定、分类、空间关系分析等。根据环状分布的地形、色调、水系等解译标志判定环形构造；根据环形构造产出的地质背景进行成因分类；根据环形构造的相对空间关系分析其生成联系，提取所需的地质信息。

9）新构造

新构造的解译内容包括新构造运动引发的断裂、褶皱和区域构造升降等。通过对发育在新近纪以来地质体中的断裂和褶皱信息的提取，确定包括隐伏断裂在内的新构造形迹。根据新近纪以来盆地、松散堆积物等地物的空间位置变化，分析区域构造升降运动的方式。

2. 解译精度要求

应能识别直径＞100m的闭合地质体，宽度＞50m、长度＞250m的块状地质体及长度≥500m的线状地物（断裂）。

四、不同特殊地质地貌区遥感技术应用

（一）高山峡谷区遥感技术应用

1. 数据选择

高山峡谷区几乎无植被覆盖，岩石出露情况良好，有利于各类遥感地质调查工作开展。数据源的选取应根据工作区特点和工作任务要求，协同使用多源遥感数据，充分发挥不同类型遥感数据优势进行遥感地质填图工作。

目前高山峡谷区遥感地质填图工作中常用的代表性的卫星遥感数据源包括高分一号（GF-1）、高分二号（GF-2）、Landsat-8、ASTER、高光谱数据（Hyperion、HyMap等）。

高山峡谷区遥感地质填图工作数据源选取如表5-1所示。

表5-1 高山峡谷区遥感地质填图工作数据源选取表

基岩裸露区遥感地质填图工作	数据类型	具体作用
地貌成因类型划分	OLI	工作区整体地貌格局认识；地貌成因类型大区划分
	ZY3（立体像对）、SPOT6	生成DEM，计算高程、相对高度、坡度进行地貌类型划分
	GF-1、GF-2	对火山口等特殊微地貌识别
	TIRS	对洪积扇等特殊地貌识别
基础地质解译	OLI、ASTER（可见光、近红外波段）	岩性解译，光谱特征差异明显的岩性段划分，判断地层产状
	GF-1、GF-2	纹理结构差异明显的岩性段划分，岩层三角面的识别，判断地层产状
	ASTER（热红外波段）、TIRS	用于划分SiO_2等矿物含量有差异的地层；识别不同期次洪积物
构造解译	OLI	深大断裂、区域性断裂、一般断裂识别；大中型褶皱的识别
	GF-1、GF-2	小型断裂识别，构造破碎带、构造透镜体的识别；微小型褶皱的解译；岩石层理、节理的解译

续表

基岩裸露区遥感地质填图工作	数据类型	具体作用
矿化信息提取	OLI	富含羟基（OH-）、碳酸根离子（CO_3^{2-}）、Fe^{3+}氧化物的蚀变矿物信息提取
	ASTER（可见光、近红外波段）	富含羟基（OH-）、碳酸根离子（CO_3^{2-}）、Fe^{3+}氧化物的蚀变矿物信息提取；蒙脱石、埃洛石、伊利石与绢云母等矿物的蚀变异常信息；方解石、黑云母、绿泥石等矿物蚀变信息提取
	ASTER（热红外波段）、TIRS	计算SiO_2、K_2O、Na_2O含量，确定岩浆岩碱性程度
	GF-1、GF-2	火山机构、褶皱等特殊小型成矿构造的识别
	高光谱数据（Hyperion、HyMap）	重点地区矿物填图，用于识别大部分类型蚀变矿物

2. 高山峡谷基岩裸露区岩性解译

高山峡谷基岩裸露区遥感地质填图技术流程如图 5-1 所示。

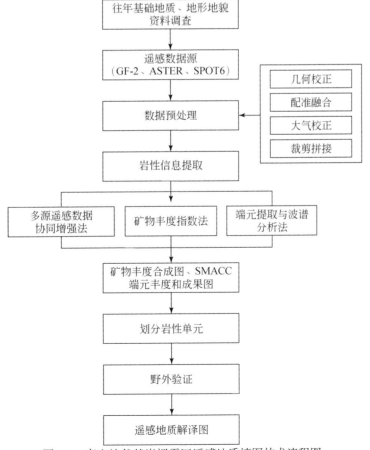

图 5-1 高山峡谷基岩裸露区遥感地质填图技术流程图

多源遥感数据协同增强法：协同理论即将两种或两种以上组分相匹配在一起，达到组合效果优于多个组分单独应用时效果的总和（张翠芬，2014）。协同理论在遥感地质领域中主要是指将不同卫星平台所搭载的不同传感器或者同一传感器数据的光谱分辨率、空间分辨率构成一个系统。卫星传感器成像过程中瞬时视场的限制使同一传感器获取的影像难以同时满足高空间分辨率和高光谱分辨率。在遥感岩性信息提取应用中，高空间分辨率遥感影像可以较好地描述地表细节信息，如不同类型岩石层理以及岩性单元之间的接触关系；中等分辨率多光谱数据的短波红外波段数据相对于可见光波段则能够有效描述岩石矿物的光谱差异，有利于大类岩性划分提取。

矿物丰度指数法：能有效减弱大气反照率、地形坡度等因素的干扰，增强不同矿物光谱特征之间的差异。该方法能增强特定矿物特征，对进一步划分岩性大类、细化填图有较大帮助。根据区域地质构造资料，探明研究区岩性大类，确定岩性大类矿物的诊断性谱带，根据谱带信息定位所属影像波段，计算各大类矿物丰度指数，合成假彩色影像。

端元提取与波谱分析法：岩石光谱主要由组成岩石的矿物光谱叠加而成，矿物光谱特征是岩石光谱特征的主要决定因素。端元是具有稳定光谱特征的地物单元（纯净光谱像元），岩石光谱随矿物成分及含量不同而发生较大变化，因此，端元选取时重点考虑组成岩石主要矿物的光谱。图像端元提取建议使用连续最大角凸锥体（SMACC）法等获得。将分解出的端元与实验室光谱或野外实测光谱进行匹配，使用相似性测度技术［如光谱角填图（SAM）、交叉相关谱匹配（CCSM）］和最小二乘回归技术并最终确定该端元的实际地物类别。

（二）南方强风化区遥感地质填图

1. 数据选择

南方强风化区遥感地质填图工作数据源选取如表 5-2 所示。

表 5-2　南方强风化区遥感地质填图工作数据源选取表

浅覆盖区遥感地质填图工作	数据类型	具体作用
地貌成因类型划分	OLI	工作区整体地貌格局认识；地貌成因类型划分
	ZY3（立体像对）	生成 DEM，据高程、高差、坡度划分地貌类型
	GF-1、GF-2	对特殊微地貌识别
基础地质解译	OLI、ASTER（可见光、近红外波段）	岩性解译，光谱特征差异明显的岩性段划分，判断地层产状
	GF-1、GF-2	纹理结构差异明显的岩性段划分，岩层三角面的识别，判断地层产状
	ASTER（热红外波段）、TIRS	用于划分 SiO_2 等矿物含量有差异的地层

续表

浅覆盖区遥感地质填图工作	数据类型	具体作用
构造解译	OLI	深大断裂、区域性断裂、一般断裂识别
	Sentinel-1、ALOS-PALSAR	植被覆盖、南方风化层构造解译
	GF-1、GF-2	小型断裂识别，构造破碎带、构造透镜体的识别；微小型褶皱的解译；岩石层理、节理的解译

2. 解译技术流程

南方强风化区遥感地质填图技术流程见图 5-2。

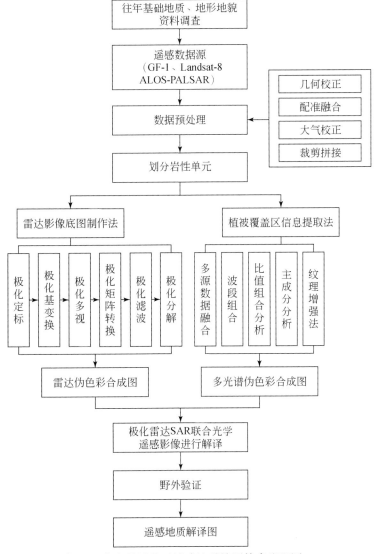

图 5-2　南方强风化区遥感地质填图技术流程图

多源数据融合：遥感数据的融合是指采用一种复合模型结构，将不同传感器影像数据源所提供的信息加以综合，以获取高质量的影像信息，同时消除各传感器信息间的信息冗余和矛盾，减少模糊度，增强清晰度，提高解译精度，形成对目标相对完整一致的信息描述。根据需要我们对 GF-1 和 OLI 数据进行了融合试验，对 ALOS-PALSAR 的 SAR 数据和 OLI 数据则进行了可视化三维动态变换。

波段组合：覆盖区波段组合方式选择的依据是工作区图像的统计特征和植被覆盖区OLI 图像的光谱特征。主要选择方法有以下两种：

（1）图像统计特征分析方法，根据研究子区内各波段亮度值分布范围、均值和标准差统计值及各波段间的相关系数大小确定覆盖区 OLI 图像的最佳波段组合方式。

（2）波谱分析方法，在 OLI 光谱信息中，OLI5 和 OLI4 包含了植被地球化学效应异常的主要敏感信息，OLI6 和 OLI7 对土壤和植物水分较为敏感和有强烈的吸收，能有效地提取构造蚀变信息。因此，根据研究子区的自然景观和地质背景以及 OLI 的光谱特征，选用 OLI7、OLI5、OLI2 波段组合显示植被异常现象。

植被覆盖区比值处理对土壤富水性差异、植被地球化学效应异常等引起的光谱特征的微小变化有较好的显示效果。在试验研究中所选择的比值分析方法有：①比值最佳指数分析方法；②利用植被分布的变化和微小差别的比值处理；③抑制植被影响的比值复合处理。

主成分分析在试验研究中所选择的方法有：①基于主成分图像与 OLI 图像的分析方法；②基于主成分图像与 OLI 纹理和灰度图像的分析方法；③基于比值图像的主成分分析方法。

纹理增强：分析是通过在一定窗口内进行二次变异分析或三次非对称分析，使遥感图像上某些地物类型的纹理结构得到增强。

多时相图像分析：覆盖区多时相遥感图像分析是指根据同一地区的两个时相的遥感图像的光谱亮度值变化，应用图像处理方法，增强某类地物类型的变化、位置的移动或轮廓的变化。进行多时相图像分析，首先要对不同时相遥感图像进行位置配准，主要分析方法有：①图像差值法；②图像比值法；③主成分分析法。

极化雷达 SAR 联合光学遥感影像进行解译：极化 SAR 影像能提供十分丰富的地质构造、岩性、隐伏地质体等地质信息，长波 SAR 更是对植被和土壤有较强的穿透能力，在一定程度上能够获取其覆盖之下的信息。同时较光学数据和单极化 SAR 而言，极化 SAR 在每个分辨单元以不同极化组合状态记录了地物后向散射信息，利用极化信息能够提高对岩性的区分能力。

（三）荒漠草原浅覆盖区遥感地质填图

1. 数据选择

荒漠草原浅覆盖区填图数据选择如表 5-3 所示。

2. 解译技术流程

荒漠草原浅覆盖区遥感地质填图技术流程见图 5-3。

表 5-3 荒漠草原浅覆盖区填图数据选择表

浅覆盖区遥感地质填图工作	数据类型	具体作用
地貌成因类型划分	OLI	工作区整体地貌格局认识；地貌成因类型划分
	ZY3（立体像对）	生成 DEM，计算高程、相对高度、坡度，进行地貌类型划分
	GF-1、GF-2	识别特殊微地貌
基础地质解译	OLI、ASTER（可见光、近红外波段）	进行岩性解译，光谱特征差异明显的岩性段划分，判断地层产状
	GF-1、GF-2	纹理结构差异明显的岩性段划分，岩层三角面的识别，判断地层产状
	ASTER（热红外波段）、TIRS	用于划分 SiO_2 等矿物含量有差异的地层
构造解译	OLI	深大断裂、区域性断裂、一般断裂识别；大中型褶皱的识别；隐伏构造
	Sentinel-1、ALOS-PALSAR	植被覆盖、南方风化层构造解译
	GF-1、GF-2	小型断裂识别，构造破碎带、构造透镜体的识别；微小型褶皱的解译；岩石层理、节理的解译

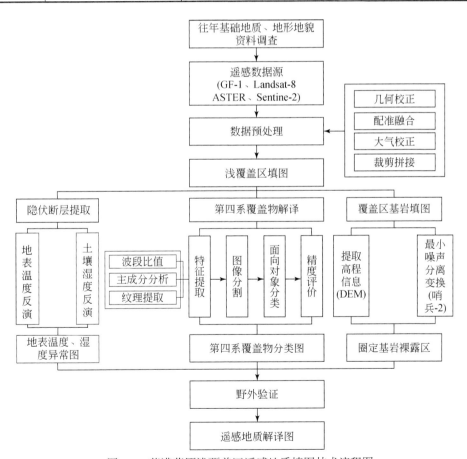

图 5-3 荒漠草原浅覆盖区遥感地质填图技术流程图

荒漠草原浅覆盖区多为第四系松散堆积物和草等植被所覆盖，岩石出露较少，主要进行第四系的解译。第四系的解译在地面地质调查中难度较大，往往带有一定的人为性。由于第四系内不同单元在遥感影像上往往表现出亮度、色调、纹理特征、斑点（水塘、居民地等造成）发育情况、线性体发育情况、水系发育情况等差异（李永庆等，1990；梁俊等，2007；张艳等，2019），采用遥感手段在彩色合成影像图或经增强处理的图像上常能取得较好的解译效果。

隐伏断层信息提取：地表温度"负异常"（指地表温度低于周围地段的局部）及土壤湿度、植被密度的局部高值等对隐伏断层有指示意义，因此尝试采用地表温度以及温度植被干旱指数（TVDI）方法进行隐伏断层识别。

3. 第四系覆盖物解译

植被抑制：植被是影响沉积物、岩石信息提取的主要因素之一。遥感影像上的植被覆盖区，由于沉积物或岩石的光谱易受植被光谱的干扰，难以直接从遥感影像上提取较为精确的沉积物和岩石信息，需要采用合适的植被抑制技术对遥感影像上的植被进行抑制。植被抑制主要利用遥感影像的红光波段和近红外波段，从多光谱影像中移除或减少植被光谱信息，对影像进行植被变换（时丕龙等，2010）。经过植被抑制处理后的影像，能够更好地获得相关地质信息，对多光谱，尤其是30m左右分辨率的露天植被影像有很好的处理效果。

多源遥感数据协同：将经过预处理的多光谱反射率数据通过适当的融合方法与高空间分辨率全色影像进行融合，作为遥感地质解译底图，以提高影像单元差异和纹理清晰度。基于多光谱遥感影像制作遥感解译底图，选择3个最佳组合波段进行假彩色合成，以便于更好地表达图像信息之间色调差异。

信息增强与提取：提取并分析的特征包括波段比值、主成分分量、纹理信息等。

目标分类识别：采用面向对象的分类方法，结合提取的分割对象的特征对覆盖物进行分类。

4. 深覆盖区遥感地质填图要求

深覆盖区主要地貌类型包括平原区、黄土高原区和盆地区。平原区和盆地区遥感地质调查内容主要包括地貌类型划分、第四纪沉积物成因类型解译、新构造断裂解译等。

地貌成因类型可分为构造剥蚀区、弱侵蚀堆积区、堆积区等。地貌成因类型解译是以遥感影像为基础，充分参考地貌图件和地形图、DEM等有关资料进行综合分析。其主要任务是以建立地貌类型解译标志为基础，由已知扩展为对全区域的认识，确定形态成因类型，找出各种地貌类型的形态和空间分布规律。

第四纪沉积物成因类型解译主要根据工作区构造区位和第四纪地层分布的规律，一般从平原、盆地边缘向内逐步解译，按照岩性、成因类型进行分区。即从平原、盆地四周的隆起向平原中心的第四纪沉积中心进行解译，首先确定地层时代，然后判断沉积物类型，最后分步逐层解译。在局部，以江河为基准，以高程信息为辅助，依据影像特征确定河流的各级阶地界线，进一步划分第四纪沉积物的成因类型；在平原内部，以湖泊为基准，基于影像特征，逐步向外划分第四纪沉积物的成因类型。

新构造断裂解译主要包括断裂构造解译和隐伏断裂解译。断裂构造的解译标志主要借助于色调与图形形态，以及大小、阴影、位置、相关关系等。在影像上，断裂主要反映为断层崖、断块山、断陷盆地，与断裂有关的直线性、转折线性的水系以及阶地、河道的变迁等解译标志。地层的间断、重复或岩性的突变所反映的构造活动信息，主要从掌握不同地层、岩性的遥感解译标志来判识，在影像特征上反映为地层、岩石的颜色色调或图像结构较有规则地变化。

黄土高原区地质构造的遥感解译主要结合地形、影纹、色调等特征来进行综合分析判别。选取信息丰富、多时相、多波段、分辨率高的遥感数据，以地理信息系统技术为支撑，结合 DEM，采用多源数据融合方法进行数字图像处理，综合多元信息优势，突出目标地质信息，提高解译程度。目视与计算机辅助相结合进行影像解译，由点及面，运用遥感图像处理方法，从不同地形、影纹、色调等特征来进行综合分析判别，并对所提取的地质特征信息进行野外验证。

5. 新构造与活动构造区遥感地质填图要求

遥感技术在新构造与活动构造区中的应用主要是通过三维技术形成立体图像，利用高分遥感数据空间分辨率较高的特点，实现基于高分影像的 DEM 制作，基于制作的 DEM 与高分影像叠加显示，针对地貌和断裂构造进行解译。

构造地貌遥感解译主要包括山体构造地貌解译、坡面构造解译和构造盆地解译。地貌与构造之间的关系包括空间上的几何关系、时间上的运动关系和发生学上的动力学关系三个层次，这三个层次上的联系是构造地貌几何分析、构造地貌运动分析、构造地貌动力分析的主要内容。

断裂构造遥感解译标志主要有色调、构造形态、断层三角面、地貌和水系等几个方面，解译方法与深覆盖区新构造断裂解译方法相似。

第五节 成果报告编写

一、成果报告编写要求

成果报告应按特殊地质地貌区填图任务编写，一个项目编写一份成果报告。必须以实测质量验收合格的资料或收集到的合格资料为依据，应在定量和定性解释（译）基础上经过与地质、化探、物探、遥感资料充分的综合研究分析后进行。应在全面深入地掌握实际材料情况下，分析和概括规律。形成一定认识后，在有依据、有分析的解释（译）推断基础上编写成果报告。

成果报告要立论严谨，要敢于突破前人的认识，观点明确，围绕主要地学任务，对关键问题阐述要清楚，结论要有充足依据。

二、成果报告主要内容

概括介绍工作目的与任务完成情况，工作方法及质量，地质、地球物理及遥感特征，工作成果，结论与建议。

三、成果报告编写提纲

1. 前言

介绍交通位置、自然地理概况、任务目标，任务完成情况，取得的主要成果及项目人员分工等（附交通位置图、完成工作量表）。

2. 以往地质、地球物理、地球化学、遥感工作程度

介绍特殊地质地貌区填图试点图幅地质、地球物理、地球化学、遥感等工作程度（附地物化遥主要工作研究程度图）。

3. 特殊地质地貌区地质、地球物理、地球化学、遥感特征

介绍特殊地质地貌区填图试点图幅地质、地球物理、地球化学、遥感特征。

4. 航空物探和遥感数据处理与图件编制

航空物探与遥感数据说明、数据处理方法介绍，航空物探基础图件、处理转换图件编制，遥感影像图的编制，航空物探遥感图件综合展示方法。

5. 航空物探在特殊地质地貌区填图中的应用

根据特殊地质地貌区特征及实测或收集到的航空物探资料，进行地层、岩性、构造划分，进行特殊地质地貌区航空物探解释。

6. 遥感在特殊地质地貌区填图中应用

根据遥感调查目标、调查内容，进行地貌、岩性、构造判读，开展特殊地质地貌区遥感解译。

7. 航空物探、遥感推断图及其他图件编制

根据不同特殊地质地貌区填图任务，综合航空物探和遥感方法及其他地质资料，编制第四系岩性地貌推断图和地质构造推断图、基岩地质构造推断图、结晶基底岩相推断图、基岩深度图、立体透视图及三维地质图等图件。

8. 结论与建议

四、成果报告的附图

1. 基础图件

航磁图件：航磁 ΔT 等值线平面图；根据需要编制的其他基础图件。

航电图件：根据需要编制航电各频率实、虚分量剖面平面图等基础图件。

航放图件：总计数率或钾、铀、钍含量等值线平面图；根据需要编制的其他基础图件。

航重图件：航重布格异常等值线平面图；根据需要编制的其他基础图件。

遥感图件：遥感影像地图。

2. 数据转换处理图件

航磁数据转换处理图件：航磁 ΔT 化极图，航磁 ΔT 上延图，航磁 ΔT 垂导图，剩余异常图等；可选择在解释中作用大、效果好的作为附图。

航电数据转换处理图件：航电各频率实、虚分量转换视电阻率立体阴影图。

航放转换处理图件：航放比值图；多参数综合剖面图；地质单元统计直方图；铀异常图；假彩色三元合成图；其他数据处理的图件。

航重转换处理图件：剩余重力异常图，向上延拓布格重力异常图，垂向导数图，水平方向导数图，水平总梯度模图及其他数据处理的图件。

3. 解释图件

解释图件包括航空物探及遥感推断岩性构造图、根据不同特殊地质地貌区情况和条件而编制的其他推断解释图件。

第六节　成果评审和资料归档

成果评审由评审委员会在听取成果汇报、审阅报告和图件及有关资料，与项目人员交换意见并经过讨论后，形成评审意见书，并评定分数和等级。

最终成果评审通过后，成果报告和相关图件必须按评审委员会提出的意见进行全面检查和修改，并报上级主管部门审查；审查通过后，项目承担单位须向国家有关地质调查资料存放单位对项目形成的全部资料进行提交归档。

第六章　特殊地质地貌区填图物化探技术方法应用要求

第一节　工作目标与要求

一、目的任务

针对1:5万特殊地质地貌区区域地质调查工作需求，应用适宜的物化探技术方法，为查明特殊地质地貌区被覆盖之岩石、地层、构造及其他地质要素等基础地质问题提供判别依据，为矿产勘查、资源评价、水文工程地质、城市地下空间及生态环境调查等提供物化探资料。

二、基本要求

根据不同特殊地质地貌区覆盖类型、景观条件、工作条件、勘查阶段及服务对象等，物化探勘查的工作重点、工作内容、成果表达须有所侧重和区别。

未开展1:5万物化探调查的工作区，应先于或与地质填图同步进行面积性1:5万基础性物化探调查；对已完成1:25万和1:5万区域物化探工作的填图区，应充分研究区域物化探数据资料提取揭示地质要素的信息，选择适宜的物化探技术方法布置补充探测工作。

根据服务对象及调查任务要求，开展1:5万面积性区域物化探勘查工作，应单独提交专项设计；剖面性、小面积大比例尺物化探工作不需提交专项设计，技术路线、技术方案应在地质填图设计中有所体现，工作流程、质量监控等应遵照相关物化探规范执行。

三、工作程序

特殊地质地貌区填图中物化探技术方法的应用一般应遵循资料收集和预研究、野外踏勘、设计编写、野外施工、资料整理和野外验收、综合研究和成果编审、资料提交等工作程序，每个工作程序中的质量管理应按照相关物化探规范执行。

第二节　主要物化探技术方法

1. 区域物化探技术方法

区域物化探揭示的区域地球物理地球化学分布规律，是对复杂地质作用的客观反映，利用计算机处理海量区域物化探数据，从中提取丰富的地质信息，无疑对区域地质调查工作具有重要的参考意义（郝立波等，1990，2007；刘德鹏等，2004；刘菁华和王祝文，2005；史长义等，2005；翁仕明等，2006；王会锋和叶柱才，2007；时艳香等，2008；张壹等，2015）。通常采用区域物化探正负异常场特征分析、元素标准化数理统计分析及重力异常增强反演推断等方法，对填图区及其外围1：25万区域进行物化探数据处理、提取填图区相应地质信息，编制构造、岩体等解译推断分布图。

2. 高分辨率航空磁测技术

该技术可识别构造细节，分辨细小断层与裂隙（Al-Zoubi，2007）；可对岩石边界进行精确填图，区分杂岩单元；可"穿透"沉积层对下伏基岩进行填图，能较准确圈出隐伏地质体的空间分布状态。高分辨率航空磁测已作为一种用于断层和裂缝系统三维填图的相对便宜的有用工具（Ferraccioli，2002）。

3. 大深度高分辨电磁测量技术

该技术是以各种岩石和矿物的电学性质为基础，利用人工与天然的电场、电磁场在时间和空间上的分布规律和变化特征，推断地下地质构造和寻找能源、矿产等。其中人工场阵列式音频大地电磁测深技术，探测深度可从几十米至1500m左右（汤井田，2005）。采用高精度的分布式同步观测技术、大功率多频发射技术，使大深度高分辨电磁探测技术应用范围广、适应能力强，可适用于不同地形条件（低山丘陵、高山峡谷、戈壁沙漠等地区）下的资源勘查、地质调查工作（林品荣，2006）。

4. 可控源音频大地电磁法

该方法是在大地电磁法（MT）和音频大地电磁法（AMT）的基础上发展起来的一种人工源频率域测深方法，具有探测深度大、抗干扰能力强、分辨率高等特点，适用于构造（断裂、褶皱）、地层、隐伏岩体等地质体勘查，是三维地质填图、深部找矿等领域的主要技术。可控源音频大地电磁法（CSAMT）作为电磁法的一种手段，其应用条件较为苛刻，如探测目标地质体与其围岩之间必须存在明显的电性差异、必须具有足够分辨的尺寸规模及适合的工作环境。

5. 地震技术方法

该方法具有探测深度大、分辨率高、探测结果准确可靠等特点，因而在寻找深部隐伏构造、地质体及矿体等方面发挥着重要作用。目前地质填图中采用的主要地震方法有反射波、散射波、地震层析成像及抗干扰人工地震波法等技术方法。广泛应用于探测断层、沉积地层、寻找隐伏岩体和喷发岩筒、探测下伏基岩（或结晶基底）起伏形态、探测岩体内非均质体或岩脉、探测深部构造及活动构造等。

6. 综合气体地球化学探测技术

国内外大量资料表明，气体地球化学异常可快速有效地揭示深部矿化（体）、隐伏断裂构造及岩体等多重地质矿产方面的弱的地球化学勘查信息（尹冰川，1997；Ioannides et al.，2003；Iskandar et al.，2005；Oktay，2005；Walia et al.，2009；Voltattorni and Lombardi，2010；Ludovic et al.，2011；王南萍等，2012）。目前已侦测并捕捉到覆盖层之下深部运移而来的气体组分主要有 CO_2、He、H_2S、CH_4、Rn、Hg、Br、I、F、O_2、SO_2、NH_4、H_2 及各类金属气体组分等。综合气体探测深部隐伏断裂、岩体、碳酸盐岩、地下热储等地质资源能源信息时，即是选用不同的壤中气（Rn、Hg、H_2S、SO_2、CO_2、CH_4）指标联合测量的一种技术方法。在地质填图中，经济又快速的综合气体探测技术是壤中气 Rn-Hg 联测技术，其研究对象是源自深部的以气态形式迁移的 Rn、Hg 气态分子形成的气晕特征及其地质指示意义。在活动断层探测方面，Rn-Hg 联测已是地震部门用来监测活动构造的重要技术方法（贾国相等，2005；杨少平，2010；张慧等，2010；伍剑波等，2014），因而 Rn-Hg 联测亦可作为覆盖区活动构造调查的技术手段。

第三节 技术设计

一、编写依据

项目承担单位依据相关规范（定）、任务书或特殊地质地貌区填图工作要求编写。

二、资料收集

收集调查区内已有的各种比例尺、各种方法的物探资料，含物性表、成果图、观测精度与推断解释文字说明和异常验证资料；凡需重新整理、处理和定量反演的物探资料分析结果，需收集其原始数据。

充分收集调查区内已有各种比例尺区域化探基础数据和成果资料及多目标地球化学资料；收集整理区内主要地质体的地球化学（微量元素、稀土元素、常量元素）特征和区域构造地球化学特征；深覆盖区应注重土壤养分元素含量、重金属元素污染等方面地球化学信息的收集与分析。

收集测区及其相邻区各类地质矿产工作程度相关资料、工作用地形图、地理、地貌、水文、交通、人文等资料。

三、资料整理

依据已有物探方法物性数据和异常解释推断及其验证结果，分析、明确具有明显物性差异的地质体与拟调查填图单位的对应关系；依据拟调查填图单位，分析物探工作比例尺、覆盖范围、方法种类、观测精度等方面的适宜性、完整性；编制已有推断成果图并分析前人推断解释中存在的问题；在上述工作的基础上，设计拟投入物探方法及其实物工作量和综合研究工作；确定是否进行方法有效性试验及适宜的试验地点；根据需要编制填图范围1∶5万地球物理基础图件。

对地球化学资料进行分析和处理解释，根据需要编制1∶5万地球化学图件和推断解释成果草图，深覆盖区应加强土壤地球化学特征与第四纪沉积物关系研究。

分析钻孔测井物探多参数（如磁化率、电阻率、放射性等）资料，了解调查区内地质体物性垂向变化规律，指导物探方法选择及数据解释方法的运用。结合钻孔资料综合分析，初步建立调查区第四纪地质结构格架，初步了解覆盖层之下基岩地质构造特征。

在统一的软件平台上进行资料、数据集成，并建立收集资料数据库，包括收集的各类资料、数据和编制的各类图件等。

四、技术方案与设计编制

根据填图目标任务，在综合分析研究收集资料的基础上，制定有效合理的物化探技术方案；如需开展大面积物化探测量工作，则应按相关规范编写物化探调查专项设计。

1. 物探技术方案制定原则

遵循从物性研究入手的原则，对物性资料通过数值模拟，确定物探技术方法的有效性；选择的方法在分辨率、探测深度、反演误差等方面能够满足调查精度要求；采用多方法组合的方式，达到互为补充印证、削减多解性，提高探测精度、增加可靠性的目的。

2. 化探技术方案制定原则

研究已有工作资料基础结合填图目标任务，制定有效的常规或非常规化探技术方法；浅覆盖区（覆盖厚度小于200m）可采用浅钻地球化学勘查的方法对第四系、基岩面、矿产、地下水、生态环境等进行调查；深覆盖区可采用多目标地球化学调查、土地质量及生态环境地球化学调查的方法；浅－深覆盖区活动断层的调查，应采用经济快速的汞－氡气体地球化学测量技术。

3. 设计编制

根据不同地质地貌区填图目标任务、实际需求及调查区以往物化探工作程度，当需要开展大面积物化探测量工作时应单独编制物化探专项设计，在技术路线、技术方法和工作部署等方面须体现对地质填图目标探测的技术思路及成果表达方式。

第四节　不同特殊地质地貌区填图物化探技术方法

根据不同填图区的填图目标、任务，应选择经济有效的物化探技术方法或技术方法组合。

一、戈壁荒漠类覆盖区

地表信息外延推断可利用第四系沉积边缘基岩露头的各种地质信息，结合物探资料及钻探验证合理外延和推断第四系下伏基岩的物质组成和地质结构。基岩露头与第四系覆盖层之间主要有不整合覆盖和断层接触两种关系，前者需在查明断层运动特征基础上推断覆盖层之下基岩及其构造线往覆盖层之下的延伸；后者可依据露头区地质产状直接延伸推断覆盖层下伏基岩及其构造线方向。

覆盖层厚度图常用的地球物理方法有地震法、重力法、电测深法，有的其中之一达到1∶5万精度要求，可以直接利用已有资料；当已有资料不能满足精度要求时，应进行补充工作；当完全没有资料时，需系统开展工作。

基岩地质图主要依据磁法、重力、电测深和钻孔，查清基岩顶面形态和深度、识别主要断裂构造、识别覆盖层内可能的分层结构、推断基岩及基岩面填图单元。物探工作如果已有的其中之一达到1∶5万的精度要求，可以直接利用已有资料；当已有资料不能满足精度要求时，应进行补充工作；当完全没有资料时，需系统开展工作。

戈壁荒漠类覆盖区不建议开展常规化探工作，特殊区域如果对约束填图目标有帮助的化探工作也可适度部署，可采用探测隐伏断裂构造的壤中气氡－汞联测技术、浅钻地球化学测量技术方法等。

二、森林类覆盖区

充分利用露头信息，以露头外延、残坡积物信息推断、浅钻、工程揭露为主，辅以遥感、物探、化探方法等填绘覆盖区地质结构。

已完成了1∶5万地球化学调查工作且采样粒级为 -10 ～ +60 目的，直接利用该资料；没有完成1∶5万地球化学调查工作的，或采样粒级为 -60 目的，应当系统开展1∶5万地球化学调查工作。工作方法采用水系沉积物测量或土壤测量，通过技术实验确定具体技术参数。凡开展面积性化探工作的地区，应沿实测地质剖面测制岩石地球化学剖面。

用航空物探综合测量和地面重力方法系统开展1∶5万面积性调查工作，对区域物探圈定的重要异常界线，可通过综合地球物理剖面调查进行验证和确认，通常可采用浅层地震、电磁法等。

物探、化探解释推断要求：①重点识别地质体岩性、圈定边界，推断主要构造形迹；②对所有信息差异都应进行地质解释推断；③应推断地质体埋深和产状；④化探样品分析内容参照区域地球化学勘查规范执行。

三、平原区与海岸带

利用航空物探和地面重力方法，系统开展1∶5万面积性调查工作。开展浅层地震勘探，以调查第四纪地层结构、基岩面起伏和断裂构造等。根据填图目标，适当布置电磁法剖面或面积性测量工作。对区域物探圈定的重要异常界线，可通过综合地球物理剖面调查进行验证和确认，通常采用浅层地震、电磁法等。在平原区与海岸带不建议开展面积性常规化探工作，如有新施工的标准孔、控制孔，可开展钻孔地球化学测量工作，钻孔样品分层采集、层位划分与地质一致。

四、岩溶区

利用1∶5万航空物探综合测量和地面重力等面积性调查工作成果，根据岩溶发育状况，适当布置电法剖面或面积性测量工作。对区域物探圈定的重要异常界线，可通过综合地球物理剖面调查进行验证和确认，通常可采用浅层地震、电法等。建议不开展面积性地球化学测量工作。配合地层划分工作，可适当开展剖面岩石地球化学测量工作。

五、南方强风化层覆盖区

利用1∶5万航空物探综合测量和地面重力等面积性调查工作成果，根据填图目标，适当布置浅层地震、电磁法剖面测量工作。对区域物探圈定的重要异常界线，可通过综合地球物理剖面调查进行验证和确认，通常可采用浅层地震、放射性、电法等。

在工作区内或周边基岩出露相对较好的区段，开展剖面岩石地球化学测量，研究主要地质填图单元的地球化学背景。在土壤层结构发育比较完整、代表性强的地区，同一地质填图单元选择5处以上典型地段测制垂向土壤地球化学剖面，研究建立风化层土壤与下伏基岩关系的地球化学判别模型。每条垂直剖面中原岩及每个土壤分层样品数不少于7件，分析测试的元素原则上与区域化探一致。在强风化层覆盖区，已完成了1∶5万地球化学调查工作的，直接利用该资料；没有完成1∶5万地球化学调查工作的，应系统开展1∶5万地球化学调查工作。具体工作方法按照地球化学普查规范执行。

根据1∶5万地球化学调查结果和建立的风化层土壤与下伏基岩关系的地球化学判别模型，编制推断地质图。

1∶5万化探精度要求为每个填图单元样品数不少于30件，同一岩性的样品数不少于7件；化探剖面比例尺为1∶2000；分析测试的元素原则上与区域化探一致。

第五节　野外工作与质量检查验收

一、物探工作

（一）技术方法选择原则

依据覆盖层厚度与物质组成、基岩地质构造和地质矿产类型等特点，选择物探方法；依据拟定的目标地质体与围岩的物性差异且具有有效性和可行性的原则选择调查物探方法；在上述原则下，方法组合的选择（面积测量、剖面测量、种类）取决于拟定的目标地质体种类和多解性；用于活动断裂探测剖面至少应有地震反射波法，在浅覆盖区还可采用探地雷达探测活动断层的分布。在浅覆盖区还可采用探地雷达探测活动断层的分布，在较精确定位的情况下，采用探地雷达确定断层位置、追踪断层上断点，为判断断层活动性提供依据。

（二）工作布置原则

测区范围与测网布置的一般原则应满足相关技术标准要求；为满足覆盖区地质调查对反演精度的要求，应采用规则网方式；未开展过 1 ∶ 5 万或更大比例尺物探或已开展但精度达不到要求的地区，根据地质调查的需要，应开展 1 ∶ 5 万面积性物探工作（可不受标准图幅区域限制）。新布置的面积性物探与过去做过的面积性物探范围衔接时，应有一定数量的重叠测线；面积性物探测线方向应垂直于目标地质体主构造线方向。

一个联测项目应测制 1 条贯穿于全区的物探控制性剖面，并进行揭露工程验证，进行孔间标志层连接、识别钻孔未控制地质体（岩体、地层、断裂等）并作为面积性物探解释推断的约束；物探控制性剖面应尽量垂直主要基岩地质体或主构造线的走向布置，物探控制性剖面位置应与地质 – 钻探控制性剖面重合。尽可能多地穿越不同岩石类型的基岩填图单位和通过物探异常中心、基岩埋藏浅或残留露头的地段。除在地表采集物性标本外，应着重测井、岩心物性测定。

（三）工作方法要求

面积性物探的比例尺一般为 1 ∶ 5 万～ 1 ∶ 2.5 万。以地质填图为目的的物探剖面，根据覆盖层的不同物性，选取适当的物探方法和相应的比例尺，以满足工作精度要求为选择依据；其他目的的物探剖面比例尺可根据实际需要确定，以能取得不同地质体的详细对比资料为原则；各物探方法的观测精度不低于相关行业或中国地质调查局技术标准的要求，并以满足反演精度要求为准；数据采集与资料整理、成图等工作应执行各物探方法相应技术规范要求；在存在人文干扰的地区工作，应采取真正抗干扰的措施，保证数据质量。

根据需要整理各类岩石的密度、磁性、电性等物性参数，并充分利用钻孔岩心或测井和孔旁测深等了解隐伏目标地质体物性数据，分别统计其代表值；若某些目标地质体的物性随深度、岩相、地段有显著趋势变化，应分别统计其代表值，以利于异常的正确推断。

对新测制的物探资料和已有的物探资料应先在统一单一方法定性解释（地质起因解释）和定量反演的基础上，进行多种物探资料的综合解释工作，并说明定性解释（区分异常地质属性）的可靠性和定量反演的准确性；应分析物探目标体与地质填图单位的关系，以便将推断成果正确纳入地质成果图；综合解释内容包括单一异常多参数综合定性解释和互约束定量反演。在单一异常解释推断的基础上，可将单一异常解释结果关联起来，提出测区整体地质结构认识和对找矿潜力的预测等。

对重要、关键、具有代表性的地质推断和重大找矿靶区提出揭露工程验证建议；验证建议书的内容包括拟验证异常描述、定性结论及其依据和可靠性说明、定量反演方法及其准确性说明、验证注意事项、综合剖面图等；验证后进行再解释，再解释内容包括实测岩心物性或测井、依据实见地质体种类及其深厚度、实测物性数据正演实见地质体理论曲线、计算剩余异常，评价是否达到验证目的；若剩余异常明显，则对其进行定性解释、定量反演；在验证结果及其再解释的基础上，修正定性解释、定量反演结果及其解释推断成果图。

二、化探工作

（一）技术方法选择原则

依据填图目标任务、专题调查、地质地貌景观类型等，选择化探方法；依据覆盖区类型特点，可选择地球化学浅钻勘查、土地质量地球化学调查等常规化探方法，为地质矿产、生态环境调查提供依据；对于深部隐伏断裂构造、矿体探测，应采用壤中气汞-氡联测和地电化学测量的非常规化探方法。

（二）工作布置原则

覆盖厚度小于3m未开展过1∶5万化探工作的地区，根据地质调查需要，应开展面积性1∶5万地球化学调查工作；覆盖层大于3m的地区一般不安排面积性常规化探工作。

服务于浅覆盖区地质找矿的化探应选择全幅开展1∶5万地球化学调查工作，通过技术实验确定合理具体的工作方法，以能获取与成矿作用有关的不同地质体的地球化学分布特征为原则。

地质环境调查可开展土壤剖面地球化学测量，剖面一般应布置在与污染有关具典型性多元素异常（潜在异常）或与农产品有关的营养元素及有益元素丰缺地段，且在异常地段应布置多条穿过异常中心的土壤剖面。

（三）工作方法要求

1∶5万地球化学调查工作采用水系沉积物测量或土壤测量，视景观条件通过技术实验确定具体工作方法与技术参数。中东部地区采样粒级一般为-10～+80目，岩溶区不同岩石类型风化物质存在较大差异，可以做出适当调整；西部干旱荒漠戈壁区采样粒级为 -4 ～ +20 目；内蒙古中东部半干旱区采样粒级为 -4 ～ +40 目。

1：5 万面积性化探工作，应沿实测地质剖面测制岩石地球化学剖面，典型地段按 50 ～ 100cm 间距测制自地表至基岩面的垂直剖面。

环境地质调查的土壤水平剖面按 50 ～ 250m 点距采样，在水平剖面上再按 500 ～ 1000m 间距布置垂向剖面，剖面深度为 1.5 ～ 2.0m，分层连续采样，表层样为 0 ～ 20cm，表层以下按 50cm 间距采样。通过元素全量和形态分析，了解污染有毒有害元素或与农业有关的营养元素、有益元素的分布、迁移规律和赋存状态。

化探（面积性、剖面）测试分析，除按相关规范要求外，还应分析 CaO、MgO、K_2O、Na_2O、TFe_2O_3、SiO_2、Al_2O_3 等常量元素氧化物，以确立化学组成与岩石组分间关系；对测制的化探资料和已有的区域地球化学调查资料应进行统一分析。利用已有的资料编制 CaO、MgO、K_2O、Na_2O、TFe_2O_3、SiO_2、Al_2O_3 等常量元素氧化物等值线图，结合区域地质环境分析第四系表层沉积相、物质来源，编制土壤类型和地表岩性推测图。在区域地球化学调查和异常评价成果的基础上，编制与基础地质、找矿预测及生态环境有关的图件。

1：5 万地球化学调查可参照《地球化学普查规范（1：50000）》（DZ/T 0011—2015）执行，环境地质化探剖面测制技术要求可参照《多目标区域地球化学调查规范（1：250000）》（DZ/T 0258—2014）执行。

三、野外质量检查验收

（一）质量检查方式

采取以野外施工现场为主结合室内资料检查的方式，实行由地质员和物化探人员组成的施工班组自查、项目负责人野外检查和项目主管单位检查验收的制度。

施工班组应做到开工前检查、施工过程的跟踪检查及施工结束后对各观测记录数据、采集的样品进行现场检查复查。项目负责人应对施工现场进行检查，对观测原始记录及所采样品进行检查。野外工作量完成80%以上，项目负责人应向项目主管单位提出申请，由项目主管单位组织专家对野外现场施工及原始资料进行检查验收。

（二）质量检查内容

野外施工现场检查主要包括仪器设备运行检验、野外定点、数据采集记录、化探采样部位、定名、地质观察及样品描述、影像及文字记录与实物的吻合性等；室内原始资料检查主要包括原始数据记录表（卡）、定点校验记录、图件、影像及各类原始记录表、化探样品加工管理等。

施工班组应对野外各工作环节进行自查；项目负责人对野外已完成工作量的检查率应大于10%；项目主管单位野外检查工作量应不低于全部野外工作量的3%，室内检查工作量应不低于总工作量的5%。

（三）野外验收

由项目主管单位组织专家进行全面质量检查验收，提出验收意见。主要检查评定内容包括物探仪器检验与试验结果、物探野外记录本、原始数据表、资料整理与处理数据表、物性统计表、质量检查结果统计表、成果图、解释推断结果、异常验证结果、再解释结果、两级质量检查意见及修改情况等；化探工作记录表、测试原始数据和收集原始数据、主要元素等值线图和评价图，面积性化探调查的验收文件。

第六节　成果报告编写与资料提交

一、编写要求

针对填图工作区开展的各项物化探工作，成果报告编写要求包括：在全面收集工作区地质、矿产、化探、物探、遥感、水文等前期有关资料的基础上，全面分析工作区物化探异常分布特征及异常查证资料，综合研究物探反演、元素空间分布规律以及与地质、构造、矿产的关系，对物化探异常与地质体关系进行推断解释，对测区的资源潜力做出评价。对生态环境地质地球化学调查取得的数据资料，进行全面深入系统的研究和总结分析，并以地球物理地球化学的理论方法对地质背景、水文及生态环境等，进行综合评价和推断解释。

二、编写提纲

1. 前言

项目名称、任务来源、任务目标，完成的工作量，取得的主要成果，项目人员组成。

2. 工作区概况

自然地理景观特点、以往地质、化探、物探、遥感、水文、钻探工作简况与评述；覆盖结构层特点；技术方法、仪器设备选择；社会经济、基础地质、生态及资源环境概况与存在问题。

3. 技术方法与质量评述

工作部署、定点质量、仪器精度；物探测量仪器、施工过程及化探样品采集、测试分析质量评述；数据、样品采集方法技术与野外地质、水文、物化探观测内容及质量评述；化探样品测试分析及数据质量评述；数据处理及系列地质物化探图件编制方法；异常圈定、筛选、查证及评价方法。

4. 第四系三维结构与基岩地质特征

第四系覆盖特点、物质组成与三维地质结构；浅层地下水分布状况；基岩地质体特征与岩性构造变化分布。

5. 异常解释推断、查证与评价

典型物化探异常的圈定、分类、解释推断、查证与评价；表层土壤中典型重金属、有益、有害元素地球化学异常的查证与评价；与生态环境相关的其他物化探异常的查证与评价。

6. 成果应用与推广前景分析

对取得的基础地质、资源、生态环境等方面的主要成果在经济社会等领域的应用前景，进行综合分析与评价。

7. 结论与建议

总结特殊地质地貌区区域地质调查中物化探专项勘查取得的主要成果结论；分析存在的主要问题，提出今后工作建议。

8. 附图附件

化探附图：单元素地球化学图及异常图、组合元素地球化学异常图、元素地球化学分布与地质背景关系推断图、异常查证工作报告及其附图等。

物探附图：物探基础测量图件、反演推断构造建造图、基岩地质推断图等。

可选专题性附图：第四系三维结构图、覆盖厚度等值线图、浅层地下水水位及污染分布图、基岩岩性地质简图、表层土壤环境多指标综合等级图、风化壳分层结构地质地球化学三维图、资源预测与生态环境评估建议等。

附表、参考文献等。

三、资料提交

成果报告完成验收后，应尽快整理相关资料及时提交科技资料管理部门。提交的主要资料包括通过评审验收的全套成果报告，包括附件、附图、附表等；按资料管理部门有关规定要求，提交包括原始资料原件／复制件在内的相应资料。具体可按全国地质资料馆或地方相关机构发布的《原始地质资料汇交明细》执行。

第七章 特殊地质地貌浅覆盖区填图钻探技术要求

第一节 目 的 任 务

在特殊地质地貌区，特别是在各类覆盖区开展区域地质调查工作，根据地质调查工作任务和要求，需要采用浅层钻探技术揭露第四纪松散覆盖层，或穿透覆盖层探测覆盖层之下基岩。

收集并分析已有地质资料与地表地质调查成果，确定钻探的目标地质体，按设计施工要求完成钻探任务及钻探成果报告。

第二节 钻进方法及设备选择

常用钻进方法、常用浅钻钻机、常用浅钻钻具、常用浅钻钻杆、取心工具和取心方法如表 7-1～表 7-5 所示。

表 7-1 常用钻进方法选择

序号	钻进方法	适用深度 /m	冲洗介质	适用的地层
1	金刚石取心钻进	≤ 200	清水、泥浆或泡沫	所有可提供钻探用水的特殊地质地貌区。孕镶金刚石钻头适用于可钻性级别 5～12 级岩层；天然表镶金刚石钻头适用于可钻性级别 4～10 级岩层
2	金刚石复合片（PDC）取心钻进	≤ 200	泥浆	可钻性级别 1～6 级岩层。第四系松散层、软岩层及部分中硬岩可钻性较好的地层
3	硬质合金取心钻进	≤ 200	泥浆或泡沫	可钻性级别 1～5 级软岩层及 6～7 级中硬岩层
4	气动潜孔锤取样钻进	≤ 100	空气	中硬以上岩石层或干燥、胶结的卵石、漂石层，在坚硬弱含水且水位很深的岩层中钻进时，可选用低压气动潜孔锤钻进；在水位浅的坚硬基岩或胶结的卵石、漂石层中钻进时，可用高压气动潜孔锤钻进

续表

序号	钻进方法	适用深度 /m	冲洗介质	适用的地层
5	空气反循环取样钻进	≤100	空气	在干旱、半干旱缺水地区较硬岩层，可连续获得颗粒较大、不混样的地质样品
6	空气潜孔锤跟管取样钻进	≤50	空气	表层含卵石、砾石、漂石等的不稳定地层。安装好护壁管后，再使用其他钻进方法
7	螺旋取样钻进	≤30	无	不含水和微含水的各种松软地层
8	声频振动取心钻进	≤100	无	砂土、粉砂土、黏土、砾石、粗砾、漂砾、冰碛物、碎石堆、垃圾堆积物（包括木头、混凝土、沥青等）覆盖层，砂岩、灰岩、页岩、板岩（未硅化）等软基岩层采集连续岩心样品
9	绳索取心钻进	≤200	水、泥浆	破碎、较破碎及完整地层
10	人力洛阳铲钻进	≤20	无	不含碎石的黏性土地层，在地下水位以上且不要求取原状土样的浅孔

表 7-2 常用浅钻钻机

序号	类型	钻孔深度/m	主要技术参数			钻进工艺	特点及适用领域	适用条件
			发动机功率/kW	整机质量/kg	最大模块质量/kg			
1	便携式取样钻机	5	≤2.5	≤30	≤30	单管金刚石钻进、螺旋钻进	单人可背负搬迁，用于5m以内化探取样、地质填图取心、环境和农业地质调查取样等	适用于交通不便，基岩出露、半出露地区以及覆盖层厚度小于5m的地区
2	便携式冲击取样钻机	5	≤2.5	≤30	≤30	冲击回转	单人可背负搬迁，用于5m以内化探取样、地质填图取样、环境和农业地质调查取样等	适用于5m以内的土层、沙层取样，也可采取少量风化程度较高的岩样
3	轻便取样钻机	15	≤5	≤80	≤40	金刚石、硬质合金、螺旋钻进、绳索取心钻进	可满足多种钻进取样工艺要求，用于15m、30m和50m以内的复杂地层化探取样、地质填图取心、环境和农业地质调查取样	适用于交通不便、取水方便地区的钻进取样或成孔
		30	≤10	≤200	≤80			
		50	≤15	≤250	≤160			
4	车载取样钻机	50/100	>15/>200（含底盘）	—	—	空气正反循环钻进、螺旋钻进以及冲击回转钻进	用于50m、100m以内的化探取样、地质填图取样、环境和农业地质调查取样	适用于交通便利、干旱缺水、对水体生态有保护要求、限制泥浆排放的地区

续表

序号	类型	钻孔深度/m	主要技术参数			钻进工艺	特点及适用领域	适用条件
			发动机功率/kW	整机质量/kg	最大模块质量/kg			
5	履带式声频钻机	100	>55	—	—	超高频振动加低速回转	钻机可采取代表性强、保真度好的连续岩土样，不需要泥浆和其他洗孔介质	覆盖层和软质基岩
6	洛阳铲	30	—	—	—	人工垂直向下冲击	用于30m以内的松软层中不同领域样品的取样	适用于无碎石、钙化层、风化球等硬层的松散沉积物分布区和风化区
7	模块化轻便或履带机械岩心钻机	100/200				金刚石、硬质合金、螺旋钻进、绳索取心钻进	可满足多种钻进取样工艺要求，用于100m、200m以内的复杂地层化探取样、地质填图取心、环境和农业地质调查取样	适用于交通不便、取水方便地区的钻进取样或成孔
8	车载机械岩心钻机	100/200				金刚石、硬质合金、螺旋钻进、绳索取心钻进	可满足多种钻进取样工艺要求，用于100m、200m以内的复杂地层化探取样、地质填图取心、环境和农业地质调查取样	适用于交通相对便利、取水方便地区的钻进取样或成孔

表 7-3　常用浅钻钻具　　　　　　　　（单位：mm）

钻具类型	钻头外径	钻头内径	扩孔器外径	内管外径	内管内径	卡簧内径	取心直径
金刚石单管钻具	48	38	48.0	—	—	38	38
	60	48	60.0	—	—	48	48
	76	60	75.5	—	—	60	60
硬质合金单管钻具	48	38	48.0	—	—	—	38
	60	48	60.0	—	—	—	48
	76	60	75.5	—	—	—	60
金刚石双管钻具	48	33	48.0	39	35	33	33
	60	44	60.0	50	46	44	44
绳索取心钻具	48	29	46.0	35	31	29	29
		25	48.5	31	27	25	25
	60	36	60.5	43	38	36	36
	76	48	76.5	56	50	48	48

钻具类型	钻头外径	钻头内径	扩孔器外径	内管外径	内管内径	卡簧内径	取心直径
振动取心管	30	—	—	—	—	—	24
	76	—	—	—	—	—	54
潜孔锤	68	—	—	—	—	—	岩粉
	76	—	—	—	—	—	岩粉
刮刀钻头	68	—	—	—	—	—	岩粉
	76	—	—	—	—	—	岩粉
螺旋钻头	68	—	—	—	—	—	扰动土

表 7-4　常用浅钻钻杆

钻杆类型	钻杆外径 /mm	钻杆内径 /mm	钻杆长度 /m	适用范围
钢钻杆	33	23	1	对强度和耐磨性要求较高的浅钻工程
	43	—	1	
	60	—	0.5/1/3	
铝合金钻杆	43	16	0.5/1/1.5	要求轻便的浅钻工程
绳索取心钻杆	44	37	1/1.5	要求大幅度减少提下钻次数的浅钻工程
	55.5	46	1/1.5/3	
	89		1.5/3	
螺旋钻杆	40	—	1	螺旋钻进中应用
	60	—	0.5/1	

注：钻杆长度一栏的数字表示不同钻杆的长度。

表 7-5　取心工具和取心方法

岩矿层类别		可钻等级	主要物理机械性质	取心工具和取心方法
软	表土层、黏土层、砂黏土层、废矿堆积层	1～3级	柔软、胶结性较好或良好	单管干钻法、无泵钻进法、普通双动双管钻具
	各种煤层、软锰矿、磷矿、菱镁矿、黄铁矿、褐铁矿、铝矾土等软矿层	1～3级	松散、柔软、怕冲蚀、易烧毁、破碎成粉粒状	普通双动双管钻具、无泵钻进或单管干钻
中硬	风化带、氧化带、断层带、溶洞、破碎煤系地层、千枚层、片岩、风化板岩	1～5级	松散、易塌、胶结性差、不能开泵的；胶结性好的，可开泵冲洗的	无泵钻进、普通双动双管钻具、单管干钻
	高岭土、泥质页岩、高岭土化粉砂岩等	2～4级	黏性大、塑性强、部分松散怕冲刷遇水膨胀	分水投球单管钻具
	砂质页岩、块状石灰岩、白云岩、磷矿石、细粒结晶的石灰岩、风化剧烈的橄榄岩	4～5级	中、硬、脆、碎、无胶结性，随钻随碎，一般正循环采不上岩心	无泵钻进带钢丝钻头，单动双管钻具

一、隐伏基岩调查

隐伏基岩调查应布设标准孔和控制孔两类钻孔。标准孔要求对覆盖层全部取心，当钻到基岩深度大于或等于 2m 时终孔；控制孔对覆盖层不要求取心，从地表钻穿覆盖层，钻到基岩深度大于或等于 2m 时终孔，覆盖层的地质信息要进行物探测井。

可采用两种或多种工艺方法组合，一套是覆盖层不取心钻进工艺、基岩取心钻进工艺及配套的钻具组合；另一套是全孔取心钻进工艺及适配的钻具组合。覆盖层非取心钻进工艺主要采用全面钻进，包括气体循环钻进、液体循环及气液混合循环钻进等。

二、森林沼泽浅覆盖区

通过浅覆盖层和基岩钻探，揭示浅覆盖层及下伏的地层、岩石和构造特征，钻探应以单管提钻取心钻进或双管提钻取心钻进方法为主。钻机应轻便，可由人工搬运在林中穿行，具备采用多种钻进方法施工的能力，钻探深度应满足要求。选择分体式设计、部件能采用人力搬迁、现场可快速组装的钻机，并配其他附属设备。

三、荒漠草原浅覆盖区

荒漠草原浅覆盖区地形起伏不大，地貌以丘陵和宽阔的河湖体系为主，一般相对平整，缺少深切的沟谷，浅钻应揭示覆盖层与隐伏基岩。钻进方法应以单管提钻取心钻进、双管提钻取心钻进或绳索取心钻进为主，选用轻便式钻机、车装式钻机、履带式钻机，并配以其他附属设备。

四、戈壁荒漠浅覆盖区

戈壁荒漠地势起伏平缓、地表被大面积砾石覆盖，植物稀少，地层中基本不含水。钻进方法以单管提钻取心钻进为主，同时要重视了解覆盖层中的盐矿和水资源。选用轻便式钻机、车装式钻机、履带式钻机，并配以其他附属设备。

五、黄土覆盖区

黄土覆盖层厚度一般小于 200m，取心率均应在 90% 以上。钻进方法应选择回转取心钻进。根据孔深及孔径要求选择钻机，并配备其他附属设备。

六、强风化层覆盖区

强风化层覆盖区填图中浅钻的主要目的是查明强风化覆盖层的组成、结构、厚度及所示的环境等信息，揭示强风化层下伏地层、岩石、构造、矿产等特征，编制基岩地质图。选用重量轻，携带方便，可单人背负，适用于山岭、交通和能源不便地区的便携式冲击取样钻机或回转钻进取样。

第三节 钻进方法

一、钻前准备

依据钻探施工设计，做好钻进设备、钻探机具、钻进所需材料等物品的准备工作。钻孔位置及钻探施工设备施工时应在满足钻探施工的条件下少占地、少破坏植被。确定钻探孔位，安装钻探设备，检查无误后，即可开钻。

二、金刚石钻进

在浅覆盖区地质填图钻探工作中，隐伏基岩应以金刚石钻进为主。根据岩石的硬度、可钻性、研磨性和完整程度及孔内条件，合理选择金刚石钻头与扩孔器的镶嵌类型、胎体性能、金刚石的质量和粒度、金刚石浓度、水口形状及其数量和大小、底唇形状等。金刚石钻头和扩孔器的选用见表 7-6。

金刚石取心钻进冲洗液选用的是无固相或低固相并加有润滑剂的冲洗液，环状间隙上返流速应保持在 $0.4 \sim 0.8 \text{m/s}$，清水为 $0.5 \sim 0.8 \text{m/s}$，泥浆为 $0.4 \sim 0.5 \text{m/s}$。在钻进过程中，要注意金刚石钻头磨损情况，如果磨损严重，应及时换钻头。

表 7-6 金刚石钻头和扩孔器的选用

代表性岩石		泥灰岩、绿泥石片岩、叶岩、千枚岩、泥质砂岩、硬质片岩	大理岩、石灰岩、蛇纹岩、辉绿岩、安山岩、辉长岩、片岩、白云岩、硬砂岩、橄榄岩		片麻岩、玄武岩、闪长岩、石英二长岩、混合岩、伟晶岩、花岗闪长岩、流纹岩、花岗岩、钠长岩		石英斑岩、高硅化灰岩、花岗岩、碧玉岩、霏细岩、石英岩、石英脉、含铁石英岩		
可钻性	类别	软	中硬		硬		坚硬		
	级别	1～3级	3～6级		7～9级		10～12级		
研磨性		弱	弱	中	强	弱	中	强	弱	中	强

续表

代表性岩石			泥灰岩、绿泥石片岩、叶岩、千枚岩、泥质砂岩、硬质片岩	大理岩、石灰岩、蛇纹岩、辉绿岩、安山岩、辉长岩、片岩、白云岩、硬砂岩、橄榄岩		片麻岩、玄武岩、闪长岩、石英二长岩、混合岩、伟晶岩、花岗闪长岩、流纹岩、花岗岩、钠长岩		石英斑岩、高硅化灰岩、花岗岩、碧玉岩、霏细岩、石英岩、石英脉、含铁石英岩		
表镶钻头	聚晶金刚石烧结体		●	●	●	●	●			
	天然金刚石粒度（粒/ct）	10～25		●	●					
		25～40			●	●	●			
		40～60					●	●		
		60～100						●	●	●
	胎体硬度（HRC）	20～30		●		●				
		35～40				●	●		●	
		＞45						●		●
孕镶钻头	人造或天然金刚石（目）	20～40		●		●	●			
		40～60				●	●	●	●	
		60～80				●	●		●	●
		80～100					●	●	●	●
	胎体硬度（HRC）	10～20						●		
		20～30		●		●		●		
		30～35				●	●			
		35～40				●	●	●		
		40～45					●		●	
		＞45								●
复合片钻头			●	●	●					
扩孔器	表镶			●	●	●	●	●		
	孕镶					●	●	●	●	●

注：1ct=200mg。

金刚石复合片钻进时，在硬脆碎地层应使用较低转速，尽量降低金刚石复合片受到的冲击。钻头下至孔底后应轻压、慢转、低冲洗液量钻进0.2～0.3m后，再用正常钻进规程钻进。金刚石复合片钻进（PDC）适用于第四纪松散层、软岩层、沉积岩等。常规复合片钻头适用于1～7级的岩石，在硬致密泥岩中可选择尖齿复合片钻头。线速度为0.5～1.5m/s，转速应低于普通金刚石钻进。

三、硬质合金钻进

在钻进过程中不取心时，应以硬质合金钻头泥浆循环全面钻进为主。

不同地层应使用不同类型的硬质合金钻头。胶结性差的砂岩、黏土、亚黏土、泥岩以及风化岩层、遇水膨胀或缩径地层，应使用硬质合金肋骨钻头或刮刀式硬质合金钻头；铁质、钙质岩层、大理岩等 3 ～ 5 级的弱研磨性地层，应使用直角薄片式硬质合金钻头或单双粒品字形硬质合金钻头；研磨性强、非均质较破碎、稍硬岩层，如石灰岩等，应使用犁式密集钻头或负前角斜镶硬质合金钻头；软硬不均、破碎及研磨性强的岩层，应使用大八角硬质合金钻头钻进；4 ～ 7 级砾岩等岩石，应使用针状硬质合金钻头钻进。

钻进工艺参数应按照《水文水井地质钻探规程》（DZ/T 0148—2014）给出的技术参数执行。新钻头下孔时应在距孔底 0.3m 以上低转速扫孔到底，逐渐调整到正常钻进参数。在水溶性地层中，应采用底喷式钻头和局部反循环钻具取心，在松软矿层钻进取心，应采用单动双管钻具，在破碎、易堵地层中根据取心情况合理调整回次进尺，强行钻进容易造成采取率下降。

四、空气循环钻进

（一）空气正循环钻进

压缩空气从钻杆内部进入，带动潜孔锤进行冲击震动以达到碎岩目的，气流携带岩样从孔壁与钻杆外壁形成的环状间隙上返到地表。在缺水地区，钻进第四纪松散层应选用刮刀钻头钻进，钻进基岩层应选用牙轮钻头或气动潜孔锤钻进。冲洗介质选用空气、水混合物等。根据钻孔的深度、口径、钻杆外径以及地层等选择合适的空气压缩机。钻进含水率较低的覆盖层，供气压力应大于 6MPa；在水位以下地层钻进时，可按每 25m 钻孔深度递增 0.3MPa 选取。供气量以孔内气流的上返速度大于 15m/s 为宜。

钻具组合：Φ76mm 钻杆 + 接头 +Φ90（普通潜孔锤）+Φ100mm 钻头或者 Φ76mm 钻杆 + 接头 +Φ114mm（Φ96mm）钻头。

钻进工艺参数应按照《水文文井地质钻探规程》（DZ/T 0148—2014）给出的技术参数执行。

（二）空气反循环钻进

在缺水地区，对不能混样、样品质量要求较高，地层破碎、易塌孔的地层，应优先采用空气反循环钻进。

钻进工艺参数应按照《水文文井地质钻探规程》（DZ/T 0148—2014）给出的技术参数执行。中硬地层选择镶齿牙轮钻头，软岩选择铣齿牙轮钻头。软地层中可采用全面钻进用的三翼合金钻头、十字形钻头等。地层变软应提钻变换钻具组合或改变钻进方法。钻进中应随时观察上返岩矿样品，及时掌握地层变化，调整钻进参数或改变钻进工艺和钻具组合。使用内管插入式连接的双壁钻杆时，使用前应检查双壁钻杆的密封圈是否完好，下钻时要保证各连接处的密封良好。

每个采样回次终了或加接钻杆时，应强风吹孔 $1 \sim 3$min，排净孔内岩屑，避免混样。新牙轮钻头入孔需低钻压、低转速进行跑合后再逐步加至正常值，避免钻头长时间处于扫孔和扩孔状态。

（三）潜孔锤跟管钻进

在第四纪松散覆盖层开孔钻遇卵、砾、漂石不稳定地层，仅采取岩屑样品时，选择潜孔锤跟管钻进方法。

选择钻进参数应根据地层情况、冲击力、冲击频率、柱齿硬质合金数目等因素控制转速，转速范围选择为 $20 \sim 30$r/min。用于钻进的钻压，每毫米钻头直接适宜钻压为 $50 \sim 90$N。

进行钻孔作业前，应逐一检查偏心跟管钻具、潜孔锤、套管、套管靴等连接是否牢固，偏心钻头转动是否灵活。有裂纹和螺纹滑丝的钻杆和套管应立即替换。钻进过程中注意观察套管的跟进情况及孔内排粉情况，每钻进 0.5m 左右强力吹孔排粉一次。吹孔时，中心钻具向上提动距离应以能实现强力吹孔排粉为限，不得在钻进过程中向上起拔中心钻具。注意观察气压变化，当气压突然增大时应分析原因并采取措施。不得在钻进中频繁串动钻具。

钻孔完成，钻头退出钻具时，动作一定要缓慢。

五、螺旋钻进

钻进不含水和微含水的各种松软地层，钻进深度在 30m 以内，采取扰动样品时，采用螺旋钻进。每一回次的钻进过程中，回次终止后应将钻头提出孔口清除岩屑，再向孔内下入钻具开始另一回次钻进。螺旋钻进应根据实际情况钻进和提钻，多回次成孔。

六、振动冲击钻进

在松、散、软等第四纪地层，钻进深度在 30m 以内，要求采取柱状岩心样品时，选用振动冲击钻进。将钻具与振动器接好后，使天车、振动器、钻孔中心保持在一条垂线上。启动振动器后，应缓慢放松钢丝绳，少松勤放，不得一次放绳过多。钻进中应根据进尺快慢和振动器工作稳定情况，适当调节上下冲头的间距，保持钻进最佳效果。

七、声频振动钻进

在砂土（包括流沙）、粉砂土、黏性土、黄土、砾石、碎石、卵石、块石、漂石、冰碛物、填方等地层要求获取连续岩土样品时，选用声频钻进方法。把振动器的振动频率调节到能够获得最快的钻进速度和最佳的岩心采取率。根据地层条件、取样对象和取样要求，确定是外管与内层钻管同时向下推进、外管超前内层钻管推进，还是内层钻管先向下推进的操作方法。针对不同地层、不同场合的钻进取样要求，选用半合管钻具、水锁钻具、双管钻具、绳索取心钻具和脱落锥钻具等与钻具相匹配的钻头。

八、绳索取心钻进

金刚石绳索取心钻进应在较完整基岩地层使用。钻进时，应使用无固相或低固相并加有润滑剂的冲洗液，并满足固相不超过4%、黏度在6～10mPa•s、切力（动塑比）为0.2～0.5。

钻具组合：Φ89mm（或Φ71mm）钻杆+弹卡室挡头+弹卡室+上扩孔器+外管+下扩孔器+Φ96mm（或Φ76mm）金刚石（或PDC、合金）钻头。

应根据绳索取心钻具特点，遵照《地质岩心钻探规程》（DZ/T 0227—2010）合理选择钻进工艺参数。

第四节　冲洗介质

一、冲洗介质类型

钻探施工应使用取材容易、配置简便、成本低的冲洗介质。在条件允许的情况下，应首选清水和自然造浆，其次为细分散冲洗液，最后选择其他类型的冲洗介质。在缺水地区钻探施工，应首选干空气、空气泡沫、水混合物等冲洗介质（表7-7）。

表7-7　浅钻常用的冲洗介质

序号	类型	适用范围
1	清水和自然造浆	钻遇完整地层和稳定孔壁时，采用清水作冲洗液；钻遇黏土类地层时，岩屑与清水混合并分散形成自然造浆。此外，开孔即为高岭土蚀变、蛇纹岩化或是碳质泥岩等地层，则不能采用清水使其自然造浆，该方法对孔壁稳定性不利
2	细分散冲洗液	钠膨润土粉或钙膨润土粉加纯碱（碳酸钠）用淡水搅拌形成稳定的悬浮液，即细分散冲洗液，适用于孔壁较稳定的地层
3	粗分散冲洗液	细分散冲洗液中加入石灰、石膏、NaCl、$CaCl_2$和海水一类的絮凝剂和其他处理剂，形成适度絮凝的粗分散冲洗液。主要有钙处理冲洗液（石灰冲洗液、石膏冲洗液、氯化钙冲洗液）、含盐冲洗液（盐水冲洗液、饱和盐水冲洗液、海水冲洗液）和甲基冲洗液等，适用于盐碱地层
4	不分散低固相冲洗液	以具有选择性絮凝作用的高分子聚合物如部分水解聚丙烯酰胺（PHP）等为主要处理剂，保留冲洗液中优质造浆黏土、絮凝劣质土和钻屑，便于地表清除，保持冲洗液低固相。该类冲洗液适应性强

续表

序号	类型	适用范围
5	无固相冲洗液	清水中不加黏土只加化学处理剂。主要有合成高聚物冲洗液、天然植物胶冲洗液、生物聚合物冲洗液、水玻璃＋聚丙烯酰胺冲洗液等。适用于稳定地层和水敏性地层以及较破碎胶结性差的地层
6	空气冲洗介质	空气携带岩粉、冷却钻头、清洁孔底，其上返流速应达到15m/s以上
7	雾化冲洗介质	在潮湿地层中钻进时，采用气水体积比为2000∶1～3000∶1的雾化冲洗介质，解决泥包、泥堵和岩粉黏附孔壁等问题
8	泡沫冲洗介质	在液体中加入0.3%～1.0%的发泡剂，形成气液体积比200∶1～300∶1的泡沫。再加入0.5%～1.0%的稳泡剂，配制成可循环的微泡沫冲洗介质

二、冲洗液性能

钻探施工各类地层所用冲洗液性能应满足表7-8要求。

表7-8　各类地层所用冲洗液性能

地层	密度/（g/cm³）	漏斗黏度（苏式漏斗）/s	滤失量/（mL/30min）	含砂量/%
黏性土、基岩地层	1.02～1.08	18～20	＜15	
砂土、砂层	1.02～1.10	18～28	＜20	
卵砾石层	1.10～1.20	22～40	＜20	
坍塌、掉块地层	＞1.10	22～40	＜10	＜4
吸水膨胀地层	1.02～1.08	18～28	＜8	
漏失岩层	1.02～1.08	20～28	＜12	
涌水地层	＞1.10	22～28	＜12	

第五节　钻孔质量技术要求

一、岩心采取率要求

第四纪松散堆积物标准孔采取率≥90%，控制孔取样时采样率不低于85%。开展覆盖层调查，覆盖层采取率要求偏低，需要结合具体的地质需求设定或采用综合测井资料补充地质信息。终孔直径≥76mm。

二、样品采集及编号

按地质设计采样要求现场及时采集样品，填写样品相关信息，不得混样和串号。野外记录必须由专业人员按钻进回次逐段填写，不得事后追记。钻探成果可用钻孔野外柱状图或分层记录表表示；岩（土）心样品可根据工程要求保存一定期限或长期保存，也可拍摄岩心、土心彩照纳入勘查成果资料。岩（土）心必须现场标注孔号、孔深、回次进尺、岩心长度及岩心编号等。

三、钻孔原始记录

孔深误差测量与校正：深度小于100m的钻孔，应进行终孔校正；大于100m的钻孔每100m进行钻具丈量和孔深校正。孔深误差率小于千分之一时不修正报表，孔深误差率大于千分之一时修正报表。

原始记录必须包括原始班报表、简易水文观测、钻孔弯曲的测量及钻孔封孔信息。

第六节　技术档案建立与提交

存档资料应包括：钻孔施工设计书、钻孔开孔检查验收单、钻孔施工通知书、钻孔终孔通知书、钻孔封孔通知书、钻探原始班报表、钻孔原始记录编录表、钻孔岩矿心验收单、钻孔孔深检查记录表、钻孔简易水文观测记录表、钻孔质量验收报告。相关表格见《浅层取样钻探技术规程》（DZ/T 0362—2021）。

施工技术报告主要内容包括：施工项目概况，地层情况和钻孔结构、设备的选择及使用情况，钻进工艺和取心取样工具的选择，工程质量评述，复杂地层钻进技术措施及事故处理方法，新技术、新方法、新工艺的推广使用情况，技术经济指标完成情况和生产效益分析，存在的主要问题和今后建议。

技术报告完成验收后，应尽快整理相关技术档案，及时提交。提交的技术档案包括任务书、设计书和报表、日志、记录表等原始记录，以及技术报告等成果资料。

第八章　特殊地质地貌区填图岩石物性测量技术方法

第一节　目的任务与工作内容

一、目的与任务

定量化描述填图区地质体的地球物理属性是地球物理学的基础，也是地质学与应用地球物理学联系的桥梁；定量刻画填图目标区内各岩石/地层的物性特征及其规律性，为特殊地质地貌区填图物探工作手段选择、地球物理反演提供参考依据。

二、岩石物性测量的主要工作内容

岩矿石物性参数种类较多，包括密度、孔隙度、磁性、电性、弹性、放射性、光谱学性质、渗透率等，其中，密度、磁性、电性、声波速度、比活度对应服务于物探方法即重力、磁法、电法、地震、放射性法勘探。

本书总结使用的物性参数符号及单位按《地球物理勘查技术符号》（GB/T 14499—1993）和《量和单位》（GB 3100～3102—93）规定执行，并结合特殊地质地貌填图试点设定。常用的符号和计量单位见表8-1。

表 8-1　物性参数术语、符号和计量单位

序号	术语名称	符号	计量单位
1	密度	σ	kg/m^3
2	磁化率	κ	$10^{-5}SI$（κ）
3	剩余磁化强度	J_r	$10^{-5}A/m$
4	磁偏角	D	°
5	磁倾角	I	°
6	电阻率	ρ	$\Omega\cdot m$
7	极化率	η	%
8	介电常数	ε	无量纲（相对于真空的比值）
9	波速度	v	km/s
10	纵波速度	v_p	km/s
11	横波速度	v_s	km/s
12	比活度	α	Bq/kg

第二节　岩石物性测量的技术路线与方法

一、技术路线

物性测量包括室内实验测量与野外实地测量，以及基于物性研究理论的物性参数的数值计算。

遵循野外典型地层剖面与关键点校准孔（简称点面组合）→标本采集→样品加工→参数测试→成分与组构的测试化验→参数模型→数值计算的基本路线。

二、技术方法

1. 获取岩矿石物性数据的方法

综合前人研究成果，获取岩矿石物性数据的方法有六种：①实验室标本测量；②实验室加工后样品测量；③野外露头实测；④物理场观测反演计算；⑤测井（钻孔位置物性参数随井眼深度上的变化）；⑥数值模拟计算等。

其中，标本测量方法、样品测量方法是直接的、结果单一、稳定且具有较高精度的物性数据获得方法。

2. 岩石 / 地层的物性特征表达

为了有效地评价岩石 / 地层的物性特征，可以从岩石类型以及地层单元（位）两个层次来刻画其多种物性参数特征。

第一层次，岩石的物性。主要包括密度（密度、孔隙度、含水性）、磁性（磁化率、剩磁强度）、导电性（电阻率、极化率）、介电性（介电常数）、波动性（纵波速度）、放射性（铀、钍、钾）、光谱（光谱吸收）等。

必要时也可测试拟原位压力条件（温度、流体、压力）的密度、电阻率、地震纵横波参数。

第二层次，地层的物性和地层整体表现的物性性质。依据固结程度的不同可以把地层介质划分为岩石类地层、半固结类地层、松散体类地层。

岩石类地层单元的物性参数：通过实验室测试，能够获得岩石的密度、磁性、导电性、介电性、波动性、放射性、光谱参数。基于获得的地层所含各主要岩石的物性参数，算术平均（或加权平均、几何平均），就可以得到地层单元的物性参数。

半固结类地层单元的物性参数：与岩石类地层单元相同，可以通过实验室测试获得半固结类地层单元的物性参数密度、磁性、波动性参数。由于半固结类样品比较松散，遇水会分解，制作标准样品比较困难甚至无法完成制样，部分参数无法测试取得。测试成功率较低，因此需要多做备样。

松散体类地层单元的物性参数：松散体类样品本身松散、遇水解体，无法实现岩石样品标准的测试。可测试的项目有磁性参数、密度、放射性、光谱、工程地质属性（如承载力等）。

为了定量认识特殊地质填图区大量松散体（如第四纪地层）随埋深变化的特性，可以测井并辅以实验室测试手段，获得松散体样品在不同深度原位压力条件下密度参数。

第三节　岩石物性测量技术实施方案设计

实施方案设计包含如下要素：项目来源；任务目标；工区调查现状包括工区概况（位置、交通、地形、人文等）以及国内外物性工作新进展；岩石物性测量包括研究内容（地质单元、物性参数等）、主要技术指标、主要实物工作量；技术路线包括物性采样工作部署、采集标本、样品加工与测量、数据整理和处理与制图；预期成果；附件（工作布置图）。

第四节　岩矿石标本野外采集

一、准备工作

需准备物性工作布置图、工作手图。配置北斗卫星定位仪、测绳（卷尺）等测量设备，罗盘、定向器、取样钻机、铁锤、铁钎、铁锹、标本袋、记号笔、胶带、箱子等采集标本的工具，以及野外记录本等用品。

二、采集点选择、布置与取样数量

参照《岩矿石物性调查技术规程》（DD 2006—03），结合特殊地质地貌区填图特点，规定如下：

依据物性工作布置图等资料，根据工区地形、露头、交通条件等设置在剖面、测线上采集点。露头剖面采样，应选择岩矿石新鲜、未受污染、地质属性明确、施工安全、通行方便的基岩露头。同一地质单元的岩石标本，除非调查物性异常，应避免在蚀变、矿化部位布置采集点，应避免在易受污染的地方如化工厂、变电站等处布置采集点。

对于面型地质单元宜以散点形式均匀布设采集点；对于线型地质体宜沿构造倾向方向加密布设采集点。在探测或调查地质目标体上还应重点布设采集点。

采集点布置还应以采集到新鲜标本为原则，优先考虑部署在采石场、切坡的公路和流水下切的河谷等部位。可根据实际情况优化物性采集工作布置图上的采集点。工作区内无相应的岩石露头时，可在图幅边界外附近进行采集；区内有钻孔岩心时，要优先使用。

采集点的空间定位依据《物化探工程测量规范》（DZ/T 0153—2014）实施。一般要求，采集点平面定点绝对误差≤10m，钻孔深度绝对误差≤1m。

当不均匀性较强时，则需多采样本。根据实际情况适当分类，地层单元可适当划分到群、组或段，考虑岩性差异性，视为一个样品分组（具有相同地质时代、岩性、形成条件、空间位置等），每个采样点赋予一个采样组号，每个样品一个样品编号。每个地质单元的标本数应满足统计样本量的要求。

作为统计单元，原则上按规范要求每个地质单元的标本数不少于30件（10个采集点）。受岩石出露等限制，可尽可能多地采集标本10～30件（3个采样点以上）。

一般地，各地质单元上布置的采集数量与比例应该与工区地质单元的个数、每个单元的基岩出露面积比例相适应。

三、标本采集施工

（1）可用手持钻钻取柱状样品，直径为50mm或25mm。

（2）可采集多个块状样品来满足所有参数测试。若野外岩石定名困难时，宜采集岩性标本，并拍照片记录。一般标本规格为5cm×7cm×9cm以上。

（3）若线理、面理发育，必要时可取定向标本。

（一）密度标本采集

应根据介质不同的固结程度采集密度标本。

（1）对松散沉积物，应采集大样。采集大样前应清除受人工的或者植物影响的表层物质。大样的体积不小于50cm×50cm×50cm，供现场进行大样法测量密度。或用20cm×35cm×15cm的自封袋装样1～2袋，带回实验室再精确测量。

（2）对半固结、固结的岩矿石，宜采集标本，标本大小宜为3cm×5cm×5cm左右。

或者，采集一个大块或几个中块来满足所有参数测试。标本以12cm×15cm×20cm左右大块，或者质量500～1500g多块为宜，以保证1个样品分组号的标本上能钻出直径2.5cm×5cm的圆柱样品3～5柱，以及直径5cm×3mm的圆盘样品3～5个。要满足样品直径大于最大颗粒直径的10倍。如果样品中颗粒偏大，需要加大钻出样品的直径，如5cm×10cm的圆柱。

考虑到块状岩矿石内部含裂隙、含泥质遇水软化崩解等因素，要适当采集备样2～3块，以应对实验室钻样过程中的损坏、避免无法取到合格样品。

做好标本密封，保持含水性，防止失水开裂、污染等。

（二）磁性标本采集

应根据固结程度的不同及测量技术采集磁性标本。

（1）对松散沉积物，应使用无磁规格化塑料盒采集标本。规格化塑料盒为高22mm、直径25mm的圆柱状体，也可为边长20mm的立方体。采集前，应对松散沉积物进行剥离，原位留下略大于塑料盒的圆柱体或者立方体，然后扣上塑料盒取样。取样时以及标本运输、保存期间应保持沉积物不松散，不破坏沉积物的结构。

（2）对于岩屑样品，可用标本袋取样，标本的质量以30～50g为宜。也可直接使用无磁规格化塑料盒取磁性样品。

（3）对于半固结、固结的岩矿石，手标本尺寸应尽可能为5cm×7cm×9cm的长方体；取样钻采集的标本直径为25mm的圆柱状体，其高度应不少于30mm；采集钻井岩心时，根据岩心情况，尽可能采集直径为38mm以上、高100mm以上的圆柱体或者半圆柱体，满足加工规格化磁性样品的几何条件。

（4）当需要采集定向标本时，应根据采样介质、采样工具选择定向方法。用无磁规格化塑料盒采集松散沉积物样品时，可在原位扣住沉积物的塑料盒上面（为水平面）用罗盘标定磁北方向线定向；用取样钻采集定向标本时，给原位上的岩心套上定向器，标定倾向线、测量倾角定向；用罗盘在原位上标定近水平面上（可以是人工修饰成的）的磁北方向线和两个相交的近垂直面上标定水平走向线定向。并在样品上标记走向线、倾向，记录走向、倾角。

（三）电性标本采集

应根据介质不同的固结程度及测量技术采集电性标本。

（1）一般情况下，应采集固结完整性较好的标本。

（2）对于半固结、固结的岩矿石，手标本尺寸应不小于5cm×7cm×9cm，形态尽可能为标准的长方体，对应的两个面应尽可能平整；取样钻采集的标本为直径为25mm的圆柱状体，其高不少于30mm；采集钻井岩心时，根据岩心情况，应尽可能采集为直径38mm以上、高100mm以上的圆柱体或半圆柱体，并满足加工规格化样品的几何条件。

（3）采集的标本不宜含明显的裂缝或者节理。

（4）在钻取的圆柱体标本端部时，切出厚度为2～3mm，直径为25mm，或直径为50mm的片状样品，并磨平，即可进行介电常数的测量。

（四）声波速度标本采集

声波速度标本采集过程与电性标本采集过程相同。

（五）比活度标本采集

应根据介质放射性测量技术要求采集标本。

（1）每件标本的质量不少于2kg。

（2）检查点的标本应取两块，每块标本的质量不少于 2kg，一块密封保存，供检查用，另一块作为正常标本提供检验测量。

（3）采集到的标本应先装入布质标本袋，然后再装入塑料袋，系紧密封以妥善保存。

（六）其他标本的采集

应根据工作任务要求决定是否增加备样。用于光谱测量时，采集、加工 3 ～ 5 个核桃大小的三角块标本（用切割方式制作一个新鲜面）。

四、采样记录

（一）记录表

岩矿石物性野外标本采集中，应在采样记录表（表8-2）上全面记录采样点的相关信息，其内容主要有以下几点。

表 8-2　岩矿石物性采样记录表

图幅号 / 工区：　　　　　　第　　页 / 总　　页

序号	采样地点	样品分组号	样品号	经度	纬度	岩性	所属地质单元	定向	备注

采样者：　　　　　　登记者：　　　　　　登记时间：　　　　年　　月　　日

需要外送样品测试时，编制表 8-3。

（1）工区：填写图幅号或工作区名称。

（2）剖面：如果该采样点分布在剖面上，则填剖面名称。

（3）采集点号：一般与标本编号有关联，如采集点号为 A09，标本号则为 A09-1、A09-2、A09-3。

（4）空间位置：GPS 卫星定位仪测量的空间坐标位置（可用经纬度）。

（5）岩矿石名称：观察岩矿石的主要造岩矿物种类及含量、蚀变矿化类型，根据 GB/T 17412 给岩矿石定名。

表 8-3　岩矿石物性送样单

送样单位：　　　　　　　　　图幅名称／工区：　　　　　　　　　总标本数：

序号	样品分组号	样品号	岩性	定向 （走向/倾角）	制样要求	备注

送样者：　　　　　　　接收者：　　　　　　　接收时间：　　　　　年　月　日

（6）地层或岩体：在"地质单元"记录"群、组、段"地层单元名称，或记录岩体、单元名称；单元应记录可确认的、最小的单元名称。地质单元根据特殊地质地貌区填图工作成果确定。

（7）标本定向：通过测量、标记标本定向面的走向、倾向，并记录倾向方位角和倾角。走向正南北为 0°，顺时针；倾角水平面为 0°，垂直为 90°。

（二）实际材料图

实际材料图应按如下次序完成实际材料图绘制。

（1）应在工作手图（采集部署图）上标记采集点与位置。

（2）采样结束后，应把工作手图编制成工区物性采样实际图。汇总物性采样工作量统计表，内容为地质单元、采集点数、标本数等。之后将采集点位及编号输入数据库，绘制点位图。

（三）野外工作小结

在野外工作结束前，应完成工作小结的整理。野外工作小结主要内容为本工区的工作任务目标、采样过程、使用的方法技术、完成的实物工作量、样品质量、存在的问题等。

岩矿石物性采样记录表见表 8-2，送样单见表 8-3。

第五节　岩矿石物性样品加工与制作

在实验室里，通过样品加工制作，可以满足实验室精确测量物性参数的要求。

一、样品规格

样品规格见表 8-4。

表 8-4　样品规格

名称	规格（直径 /mm× 高度 /mm）	备注
密度测试	30×60 或近似核桃块	
磁化率	25×21	
剩磁强度	25×21	
电阻率	25.40×30	
极化率	50×100 或 25.4×50	
介电常数	50×3 或 25×3	
地震波速	25.40×50	纵波、横波
放射性	质量 50g	粉状、盒装
光谱	直径 30mm 的团块	三个面用于测量

注：圆柱或圆盘两端面要尽量平行，平行度＜ 1%。

二、制样仪器与注意事项

可以用便携钻机、实验室钻床、切割机、磨床。作业之前准备好工况优良的钻头、锯片、砂轮等易耗材料，仔细检查并确保机器工作状态良好，满足精度要求。对半固结样品、含泥质样品，常规方法失效时，可以用干式取样法钻取少量柱样，或手工切割成方块。

第六节　岩矿石物性参数测量

一、密度测量

（一）体积法测量未固结沉积物的密度

采样设备有铁锹、电动镐、发电机等挖掘工具；塑料（铁）箱、桶等样品容器；便携式的电子台秤、钢卷尺等测量设备。

野外采样选择露头植被不发育采样点，除去表层耕作土或者素填土，用铁锹、电动镐等挖坑取样（一般为大于 0.5m×0.5m×0.5m 长方体或立方体）。

用电子天平逐次测量样品及容器的毛质量，求净质量，累计各次测量的净质量，获得样品的净质量。测量采样坑的长、宽、高，用长、宽、高的平均值累乘获得样品净体积，样品的净质量除净体积获得大样密度。

野外记录的内容有采样点号、Y 坐标、X 坐标、岩性、地质单元、容器的质量、逐次测量的净质量、逐边（长、宽、高）的长度、累计净质量与净体积、计算大样的密度值。

（二）水中称量法测量半固结、固结样品的密度

设备包括塑料盆（桶）等容器，清水，易吸水的软布，电子密度仪等。

对于半固结的样品（水中浸泡时易散）进行封蜡处理，先测量样品在空气中的质量 P_1 后用已知密度（σ_k，约为 900kg/m³）的石蜡密封，再测量封蜡后样品在空气质量 P_1' 和水中的质量 P_2'，扣除石蜡的影响，按下列公式求取样品的密度：

$$\sigma = \frac{P_1}{P_1' - P_2' - \dfrac{P_1' - P_1}{\sigma_k}}$$

固结的样品应在容器中用清水饱和 24h 以上。

将电子密度仪校正清零；软布擦干水饱和样品表面的水，测量样品在空气中的质量，测量样品在清水中的质量获得样品密度；视电子密度仪的稳定性能始、终及每隔一段时间用相应的砝码重新校正、验证。一批样品第一次测量完毕后随机抽取样品再进行检查测量。计算抽检率与测量误差，如合乎要求，此批样品测量完成，否则应重新测量。

（三）测量记录与测量报告

记录内容主要为样品号（大样号），样品在空气中的质量（总质量）、水中的质量（总体积），密度值。测量报告应含报告封面、责任表、说明、质量检查计算表、成果表等。

二、磁性参数测量

磁性参数测量包括磁化率测量和剩磁强度测量。

应根据岩石磁性的强弱统计值（表 8-5）选择不同方法测量。

表 8-5　区域岩石磁性参数统计表

岩石大类	岩石类	岩石亚类	磁化率样品数量	磁化率平均值/10⁻⁶SI	剩磁强度样品数量	剩磁强度平均值/（10⁻³A/m）
沉积岩	内源沉积岩	石灰岩	2566	34	2538	3
		白云岩	856	24	768	1
	外源沉积岩	细碎屑岩	939	56	932	3
		中碎屑岩	5137	67	5056	5
		粗碎屑岩	856	76	851	7
		泥质岩	722	57～140	691	4
		火山碎屑沉积岩	243	111	242	8

岩石大类	岩石类	岩石亚类	磁化率样品数量	磁化率平均值/10⁻⁶SI	剩磁强度样品数量	剩磁强度平均值/（10⁻³A/m）
岩浆岩	火山碎屑岩	火山碎屑岩	1478	670	1470	41
		火山碎屑熔岩	155	221	155	54
	喷出岩	流纹岩	316	99	315	12
		安山岩	1192	3869	1004	148
		玄武岩	574	20551	480	1965
		粗面岩	116	7929	116	212
	浅成岩	潜火山岩	2731	1735	2069	45
		辉绿岩	505	4184	451	195
		煌斑岩	131	8244	130	107
	深成岩	花岗岩	9039	377	7293	12
		正长岩	1706	1436	1243	25
		斜长岩	134	31881	134	920
		闪长岩	5146	3836	3983	62
		辉长岩	1222	6560	1125	434
		超铁镁质岩	87	52505	87	1180
变质岩	混合岩化变质岩	混合岩	1537	858	1271	27
	气液蚀变岩	气-液蚀变岩	509	3732	496	183
	区域变质岩	板岩	1762	130	1609	2
		片岩	2771	528	1697	21
		片麻岩	4864	3466	1412	31
		变粒岩	2610	2089	1433	9
		角闪岩	1087	5679	356	90
		麻粒岩	515	28077	78	116
		铁英岩	38	705740	28	511
		大理岩	1430	881	783	44

注：引自《岩矿石物性调查技术规程（送审稿）》2017，并整理加入部分地区测量值（含河北、河南、山西、陕西、安徽、江西、宁夏、内蒙古）。

（一）标本法

根据已有岩矿石磁化率统计数据和标本岩性，判断标本是否可采用该方法测量。一般地，沉积岩与副变质岩的标本不适宜，火成岩以及正变质岩的标本适宜。按照《地面高精度磁测技术规程》（DZ/T 0071—1993）附录的要求进行岩矿石磁性参数测量。本方法无须添置专用的磁性测量仪器，而利用高精度磁测现有的微机质子磁力仪，可测出 $\kappa >$ $50 \times 4\pi \times 10^{-6}$SI 的标本磁性。基本上能满足异常解释需要，具有较大实用价值。

仪器及辅助设备使用微机质子磁力仪。传感器采用双探头的梯度测量装置，将标本靠近下探头，则梯度读数即相当于标本产生的磁场。若采用单探头的总场测量装置，则必须在附近另设一台测日变的同类仪器，将每次读数进行日变改正后才能算出标本产生的磁场。

用磁秤脚架作标本架支撑。标本盒为边长 10cm 的正方形木盒，按左螺旋系统规定 X 轴向东、Y 轴向北、Z 轴向下，在 3 个轴向的正向盒面分别标以 2、4、6；在 3 个盒的负面上分别标以 1、3、5，当将这标本盒置于上述标本架倾斜面上时，Z 轴与地磁场 T 方向一致。量杯——最大量程为 500 ～ 1000cm³ 的玻璃量筒；直径 15 ～ 20cm、高约 40cm，且在距上端约 5cm 处有一下倾小漏水嘴的铁桶；或感量不低于 5g，最大称量 2kg 的体积秤。

（二）样品法

使用标准样品对仪器进行标定，合格后开始进行磁化率测量。根据不同大小的磁化率标准样，对样品根据磁化率大小进行分类，使用同档次磁化率标准样监控样品的测试。剩磁测量需根据仪器的要求，给仪器输入相关参数。对样品进行不同方位的剩磁测量，直到仪器输出总磁矩（剩余磁化强度）及倾向、倾角。根据样品的定向方法，计算剩磁矢量的磁倾向、磁倾角。

测量记录要求原始数据记录完整、系统，测量报告应含测量报告封面、测量责任表、测量说明、测量成果表等。

三、电性参数测量

包括电阻率、极化率、介电常数测量。

（一）岩矿石导电性参数测量方法

使用 DYB-1 岩心标本测试仪，实现长周期充电放电，测试电阻率、极化率。具体要求见规范《时间域激发极化法技术规程》（DZ/T 0070—2016）。

（二）岩矿石介电性测量方法

将标本切割成直径为 30 ～ 50mm、厚度小于 3mm 的圆片，每个样品制作 2 ～ 3 片，选等厚、均匀、近似圆盘状的用于测试。使用 GCST-B 介电常数及介质损耗测试仪测量各类岩石样品。测量时，选择 5MHz 条件下进行相对介电常数测量，需选择合适的电感并调试零点。粉末状样品的测试应取粉末状样品装满盛样盘，适当压实、找平。一批样品测量完成，应随机抽取样品进行随机检查测量。计算抽检率与测量误差，应达到设计要求，此批样品测量完成，否则应重新测量。

记录内容与测量报告内容包括样品号、测量频率、D2、D4、计算结果；测量报告包含测量报告封面、责任表、质量检查计算表、成果表等。

四、波速测量

在常温常压下测量纵波、横波速度。将样品长度数值输入仪器（以便读取速度值）；纵波换能器涂上薄而均匀的耦合剂，并与样品的测量面耦合，精细调节接收波形幅度、测取纵波传播时间，仪器显示纵波速度。在横波换能器上涂少量的横波耦合剂，利用夹具将样品夹在两个横波换能器之间，适当加压，当接收横波波形清晰时，测取横波传播时间，计算横波速度。

一批样品测量完成，必要时，应随机抽取样品进行随机检查性测量。计算抽检率与测量误差，如合乎要求，此批样品测量完成，否则应重新测量。特别情况下，可用 Autolab 2000C 物性测试系统进行拟原位条件下的波速测试。

记录内容与测量报告内容包括样品号、测量面间的长度、纵波速度、横波速度。同时应有测量者、检查者、测量时间等内容；测量报告应含测量报告封面、测量责任表、测量说明、测量成果表等。

五、多参数测量时先后顺序安排

当需要重复使用同一柱样测试多参数时，可按下面的顺序执行。

一般地，用游标卡尺测量样品的尺寸，并用天平称重。用同一样品实施多参数先后测量时，首先测量磁性参数；接着清水饱和后进行密度测量；再进行电性测量；最后晾干样品进行声波速度测量。

计算自然密度，烘干 24h，测烘干重量，再真空饱水 24h 后测量饱水重量。分别计算得到自然密度、烘干密度、饱水密度，再计算出孔隙率。

当孔隙度较大时密度测值会发生较大变化，密度三参数图能有效反映岩石密度的性质。因此，当孔隙度较大时需要用密度三参数图来科学衡量岩石密度特性，再测试光谱、放射性等。

第七节　物性数据整理、处理与图表制作

一、物性数据整理与处理

物性测量数据均应从仪器单位换算为法定单位。样品形状及大小显著影响物性参数时，宜进行相应的改正，如磁化率的退磁改正、体积改正。有效数字位数的处理，基本上以所

用仪器的有效位数为准，相应计算处理结果与原始记录有效位数保持一致，或取最短的。根据野外物性采集记录卡、物性测量报告等资料进行数据整理与综合，形成该区的物性数据集。

　　每一条物性记录的项目应包含的属性信息有（括号内根据工作任务目的选择）：样品分组号、样品编号、经度、纬度、岩矿石名称、岩矿石类型（三级分类岩矿石大类、岩矿石类、岩矿石亚类）、所属地层单元（群、组、段或统、系）或岩体单元、时代（宙、代、纪、世、期）、物性参数等。岩浆岩侵入时代以填图成果为依据，参照地质时代（宙、代、纪、世、期）标准划分。为便于进行物性数据的进一步统计分析，数据入库时，将岩矿石简要分类（表8-6）。

表 8-6　岩矿石样品统计分类指标表

一级	二级	三级
沉积岩	内源沉积岩	铝质岩、铁质岩、锰质岩、磷质岩、硅质岩、碳酸盐岩、蒸发岩、可燃有机岩
	外源沉积岩	砾岩、砂岩、粉砂岩、泥质岩、火山碎屑沉积岩
岩浆岩	火山碎屑岩	沉火山碎屑岩、普通火山碎屑岩、熔结火山碎屑岩、火山碎屑熔岩
	喷出岩	流纹岩、英安岩、粗面岩、安山岩、玄武岩、响岩、副长石岩、科马提岩、潜火山岩
	浅成岩	辉绿岩、金伯利岩、碳酸岩、苦橄玢岩、闪长玢岩、二长斑岩、正长斑岩、花岗斑岩、霞石正长斑岩
	深成岩	硅英岩、花岗岩、正长岩、闪长岩、辉长岩、斜长岩、霞石正长岩、苏长岩、辉橄岩、橄辉岩、辉石岩、橄榄岩、超铁镁质岩、二辉橄榄岩
	脉岩	伟晶岩、煌斑岩、细晶岩
变质岩	区域变质岩	轻微变质岩、板岩、千枚岩、片岩、片麻岩、变粒岩、石英岩、角闪岩、麻粒岩、榴辉岩、铁英岩、磷灰石岩、大理岩、钙硅酸盐
	动力变质岩	碎裂岩、糜棱岩
	接触变质岩	角岩
	气液交代变质岩	夕卡岩、云英岩、青磐岩、次生石英岩、蛇纹岩、热液黏土岩、黄铁绢英岩
	混合岩化变质岩	混合岩
		混合片麻岩
		混合岩
	冲击变质岩	冲积熔融岩
		冲积角砾岩

二、关键技术

（一）物性参数的拟原位测试技术

岩石的物性受到其成分、结构构造以及所经历的地质过程的制约，因此常温常压条件测试得到的物性参数，不能完全代表实际状态下的岩石或地质体的物性特征。不同压力（深度）下岩石地震波速（V_p、V_{s1}、V_{s2}）的变化规律不同，低压力对波速变化的影响巨大，必要时，可实施原位条件（压力等）下的物性参数测试。

拟原位压力条件下的物性参数测试，属精密测试范畴，相比常温常压测试对仪器的精度要求更高、操作要求更严格。因此，需要严格控制质量关，避免试验测试误差，保证高质量数据的产出。

（二）物性参数数值模拟计算技术

限于各种不同原因，可测试获得结果的样品数量是有限的。在无法直接测试岩石/地层物性的条件下，可以进行物性参数的数值计算。通过岩石的矿物成分计算其波速，通过地层所含各岩石的性质计算地层的综合物性参数。

通过数学建模、数值计算的方法研究样品的地震波及其各向异性等，主要原理是通过单一组分的参数依据算法计算矿物集成体岩石的参数，实现分析研究和对比（Voigt，1907；Reuss，1929；Hill，1952）。

运用国际上先进的高压物性实验设备，并充分利用现代化的分析测试仪器和手段（如电子背散射衍射）对实验试样进行针对性的显微构造和晶格优选方位的科学研究和分析，查明地震波速滞后性和各向异性等的内在成因。

理论上，如果已知主要造岩矿物的地震波性质和体积分数，利用正确的混合律可以计算出多矿物岩石的各向同性地震波性质，所以问题的关键是如何建立正确的混合律。物理学家和材料学家在这方面已做了大量研究工作，提出了许多混合律。这些混合律建立在若干假设的基础上，各自仅适用于某些特殊结构或成分的材料，缺少普适性。

几何平均作为混合律已被广泛用于估算均匀混合多晶集合体的弹性力学性质（Matthies and Humbert，1993；Mainprice and Humbert，1994）和粒子型多相复合材料（particulate composites），如多矿物岩石的流变学性质。然而，当复合材料中某一相的强度为零时，几何平均将失去其物理意义。

运用 Voigt 平均、Reuss 平均、Hill 平均和几何平均，分别计算样品的纵波和横波平均波速（Voigt，1907；Reuss，1929；Hill，1952）。为了获得岩石样品的成分组成、内部结构，需要制作薄片，镜下观察，得到造岩矿物的占比。实践表明，计算获得地震波速度的方法，对于结晶岩、变质岩有比较好的效果（Mavko et al.，2020）。将该方法拓展到特殊地质地貌区填图工作中，可用于部分特殊岩石的波速尝试计算。

下面用实例说明样品的密度、地震波速度计算。

制作薄片，镜下观察获得岩石样品的内部结构和成分组成（矿物占比），再进行计算分析。样品的矿物含量见表 8-7，波速计算结果见表 8-8。

表 8-7　样品的矿物成分和密度

样品	岩性	矿物含量 /%						密度 /（g/cm³）	
		斜长石	石英	黑云母	磁铁矿	蛇纹石	方解石	实测	计算值
MSS02	含砾岩屑粗砂岩	15	55	3	5	7	15	2.48	2.78
MSS08	中粒岩屑长石砂岩	20	76.5	1	0.5	1	1	2.63	2.65
QGD01	中细粒岩屑长石砂岩	48	50			2		2.65	2.63
QS03	石英粉砂岩	8	69	10	2	11		2.72	2.70

1. 实例样品描述

MSS02 样品为含砾岩屑粗砂岩，成分组成（斜长石、石英、黑云母、磁铁矿、蛇纹石、方解石）矿物占比见表 8-7，主要为钙质胶结。以次圆状为主，分选良好，杂基支撑，粗粒砂状。

表 8-8　不同混合律的地震波速计算结果与 180MPa 压力实测结果比较

样品	波速 /（km/s）	实测波速 /（km/s）	Voigt 平均	Reuss 平均	Hill 平均	几何平均
MSS02	V_P	5.00	6.18	5.78	5.98	5.96
	V_S	2.92	3.81	3.58	3.70	3.70
MSS08	V_P	5.68	6.02	5.92	5.97	5.97
	V_S	3.45	3.93	3.85	3.89	3.89
QGD01	V_P	5.45	5.94	5.83	5.89	5.89
	V_S	3.46	3.73	3.62	3.68	3.68
QS03	V_P	5.55	6.00	5.72	5.86	5.86
	V_S	3.33	3.85	3.61	3.73	3.75

注：180MPa 压力是测量仪器的最高值。

MSS08 样品为中粒岩屑长石砂岩，成分组成矿物占比见表 8-7。胶结物主要为石英。样品磨圆度为次棱到次圆，分选差，颗粒支撑，中粒砂状。

QGD01 样品为中细粒岩屑长石砂岩，成分组成矿物占比见表 8-7。胶结物主要为火山碎屑物质。样品磨圆度好，分选差，杂基支撑，中细粒砂状。

QS03 样品为石英粉砂岩，样品磨圆度好，分选好，颗粒支撑，粉砂状。在 180MPa 时，样品 MSS02 的 V_P 实测结果为 5.00km/s，V_S 实测结果为 2.92km/s；样品 MSS08 的 V_P 实测结果为5.68km/s，V_S实测结果为3.45km/s；样品QGD01的V_P实测结果为5.45km/s，V_S实测结果为3.46km/s；样品QS03的V_P实测结果为5.55km/s，V_S实测结果为3.33km/s。

2. 波速的数值计算结果分析讨论

MSS02样品计算的密度为2.78g/cm³，实测的结果只有2.48g/cm³，说明样品中存在一定的孔隙度或者有低密度的矿物没有鉴定出来。所以，波速的计算结果和实测波速也差别较大，实测的V_P和V_S都比计算结果低约1km/s。

MSS08样品的实测密度为2.63g/cm³，计算密度为2.65g/cm³。V_P在180MPa下的实测值为5.68km/s，略小于混合律计算值5.92～6.02km/s。而V_S的实测值为3.45km/s，与计算值3.85～3.93km/s差别较大。

QGD01样品的实测密度为2.65g/cm³，计算密度为2.63g/cm³。V_P在180MPa下的实测值为5.45km/s，小于混合律计算值5.83～5.94km/s。而V_S的实测值为3.46km/s，与计算值3.62～3.73km/s差别较大。

QS03样品的实测密度为2.72g/cm³，计算密度为2.70g/cm³。V_P在180MPa下的实测值为5.55km/s，小于混合律计算值5.72～6.00km/s。而V_S的实测值为3.33km/s，与计算值3.61～3.85km/s差别较大。

计算波速普遍高于实测波速，原因如下：第一，沉积岩石的孔隙度通常较高。在压力升高过程（0～200MPa）中，孔隙迅速地闭合，但是在测量仪器最高值180MPa围压条件下，并不是所有孔隙和微裂隙都能很好地闭合，孔隙的存在会降低波速值。在本书中，我们计算的是无空隙紧密岩石的波速，所以计算值往往会大于实测值。运用混合律计算平均波速通常应用于结晶质岩石，因为其孔隙度较低，通常小于1%，各矿物结晶较好，紧密填隙。第二，沉积岩中矿物成分较杂，特别是有些结晶差的胶结物不能被很好地识别和鉴定。另外，沉积岩中有些成分成熟度不高，有较多的风化产物和次生矿物，如伊利石等，在没有准确的单矿物弹性参数和矿物含量的情况下，会出现误差。

大量数据的统计对比分析是有效的研究方法之一，往往会发现一些规律性，得到规律性的认识。对于大数量的样本，可以忽略样品个体差异寻找整体性特征。另外，在需要时，可进行室内数据与野外原位实测数据对比分析，寻找异同。

样品的其他处理技术，需要排除粒度、裂缝、试样尺寸、内含流体等影响。

把汇集的物性数据集录入到特殊地质地貌区填图岩石物性库。必要时，把各记录打印存留，以备查证。

三、建立特殊地质地貌区填图物性参数数据库

基于大数据、网络及数据库最新研究成果，设计了特殊地质地貌区填图岩石物性数据库的系统架构、数据结构，开发了数据字典、录入管理查询统计分析等程序模块，实现了物性数据的存储、多种条件查询、对比分析的功能，有利于强化基础数据对区调工作的支撑，为物探数据地质解释的质量提升奠定基础，扩大大数据技术在地学中的应用。

将数据类型分为：①【{岩石 / 地层}、{属性信息}、{物性参数}、{测值}】与【{岩石 / 地层}、{属性信息}、{物性参数}、{统计值}】两类；②按地质对象分为岩石类与地层类，再分为岩石地层类与年代地层类；③各种参数，如密度、孔隙度、磁化率、剩磁强度、倾角、方向角、电阻率、极化率、纵波、介电常数等。

登录特殊地质地貌区填图岩石物性数据库网站，就可完成项目物性数据的管理、查询、统计分析等。数据录入后，要仔细核对、检查，再进行工区物性特征分析。

指定统计区域、筛选条件，软件即可迅速给出统计结果，包含数据及图形。

借助软件，使用者可以迅速直观地了解目标区的岩石 / 地层的物性性质。

四、物性数据统计

根据特殊地质填图工作的需要，可以根据具体工区评测单元，对岩石、矿石的类型，以及地层单元的组、统、系及岩体的期次等单元进行统计，并制图表示。物性统计应包含评测单元的样品数、平均值、最大值、最小值。若样品数量足够大时，还可计算标准偏差、变异系数、峰凸系数等。

关于平均值的计算方法，一般地，磁化率、剩余磁化强度、电阻率、声波速度应计算几何平均值；密度、极化率、比活度宜计算算术平均值；倾角与偏角可通过求取单位矢量和的方式获得平均倾角与偏角。对含多种岩性的地层单元进行物性统计时，应以评测单元中各岩性段的厚度与该单元总厚度的比值为权进行加权统计；对含多种岩性的岩体单元进行物性统计时，应以各岩性分布的面积与该单元总面积的比值为权进行统计。当客观条件不具备时，可以简化处理，求取算术平均值。

物性数据统计之后，如发现个别数据与该单元的平均值相差较大时，应针对地质单元的属性，从野外采样至室内测量等工作环节评估该数据的代表性，或补测。如这个数据不具代表性，应予删除，该单元应进行重新统计。

五、物性数据图表图示

直方图：观察一个单元内物性数据的分布状态。一般地，密度数据常呈正态分布，磁化率与剩余磁化强度及电阻率数据常呈对数正态分布，偏态或多峰等分布特征可能反映地质事件或过程。

散点图：了解参数间的相关性等。

玫瑰图：展示剩磁矢量的主要方向。

等值线图：展示某地质单元物性数据的空间变化。

参数交会图：密度 - 岩性对比图、波速 - 密度关系图、地震波反射系数图、极化率 - 岩性对比图、电阻率 - 岩性对比图、电阻率 - 孔隙图，磁性与化学成分关系图等。

其他与物性数据相适宜的图件：如针对区域物探方法选择，宜绘制目标体、非目标体的物性直方图、散点图，绘制与地层柱状图联合表示的综合物性柱状图。

第八节　成　果　报　告

依据野外采样记录、测量报告等原始资料，编写成果报告。应在全面掌握实际资料的基础上，通过数理统计、综合分析，建立岩石／地层－物性模型。

成果报告主要内容如下，可根据特殊地质地貌填图区物性工作情况节选。

概况：项目来源、任务目标、实物工作量；工区概况（位置、交通、地形、人文等）；地质背景；地球物理特征。

物性测量方法技术：调查内容（调查地质单元、物性参数等）、物性采样（采样方法技术，实际点位分布等）、物性测量（样品加工，测量参数、仪器、技术指标等）、物性数据处理（整理、统计、绘图方法等）。

物性测量成果总结：岩矿石物性统计特征、地质单元物性统计特征（地层、岩体、矿体）、物性数据空间分布特征、物性数据的地质分析或探测数据解译分析等。

结论、建议与存在的问题。

参 考 文 献

毕凯，李英成，丁晓波，等.2015.轻小型无人机航摄技术现状及发展趋势.测绘通报，3：32-37.

毕晓佳，苗放，叶成名，等.2012.Hyperion高光谱遥感岩性识别填图.物探化探计算技术，34（5）：599-603.

卜建军，吴俊，邓飞，等.2020.中国南方强风化层覆盖区1：50000填图方法指南.北京：科学出版社.

蔡运龙.2000.自然资源学原理.北京：科学出版社.

曹建华，蒋忠诚，袁道先，等.2017.岩溶动力系统与全球变化研究进展.中国地质，44（5）：874-900.

陈安泽，等.2011.中国喀斯特石林景观研究.北京：科学出版社.

陈虹，杨晓，田世攀，等.2021.覆盖区智能地质填图的探索与实践——以森林沼泽区为例.地质通报，41（3）：218-241.

陈建强，王训练，张海军，等.2018.地史学简明教程.北京：地质出版社.

陈江，王安建.2007.利用ASTER热红外遥感数据开展岩石化学成分填图的初步研究.遥感学报，4：601-608.

陈克强.1995.面向21世纪的中国区域地质调查工作.中国区域地质，1：1-5.

陈玲，梁树能，周艳，等.2015.国产高分卫星数据在高海拔地区地质调查中的应用潜力分析.国土资源遥感，27（3）：140-145.

陈树军，刘菁华，王祝文，等.2007.航空伽马能谱测量在浅覆盖区地质填图单元划分中的应用.物探与化探，31（2）：110-114.

陈祥高，张忠奎.1983.北京房山花岗闪长岩裂变径迹年龄测定和热史的探讨.科学通报，28（6）：357-359.

陈祥高，张忠奎，臧文秀.1986.北京房山花岗闪长岩中锆石的裂变径迹年龄测定和热历史研究.岩石学报，2（1）：40-44.

陈子健.2019.燕山西段延庆-丰宁地区白垩纪岩体剥露过程的低温热年代学研究.北京：中国地质大学(北京).

程光华，翟刚毅，庄育勋.2013.城市地质与城市可持续发展.北京：科学出版社.

程光华，翟刚毅，庄育勋.2019.中国城市地质调查工作指南.北京：科学出版社.

程三友，许安东，等.2013.遥感地质学实验教程.北京：地质出版社.

程洋.2016.遥感技术在岩溶区1：50000区域地质调查中的应用——以黔西北地区为例.地质力学学报，22（4）：921-932.

程中玲,徐刚,田永中,等.2007.中国1∶100万数字地貌制图西南喀斯特地貌解译.水土保持研究,14(5):95-97.

邓琳,邓明镜,张力树.2015.高分辨率遥感影像阴影检测与补偿方法优化.遥感技术与应用,30(2):277-284.

邓起东,张培震,冉勇康,等.2002.中国活动构造基本特征.中国科学D辑:地球科学,32(12):1020-1030.

邓万明.2003.中国西部新生代火山活动及其大地构造背景——青藏及邻区火山岩的形成机制.地学前缘,10(2):471-478.

邓亚东,孟庆鑫,吕勇,等.2021.桂林地质遗迹景观特征及其保护开发策略研究.中国岩溶,40(5):783-792.

丁志强,程志平,李飞,等.2013.频率域航空电磁法视电阻率转换在岩性构造填图中的应用.桂林理工大学学报,33(1):45-49.

董树文,李廷栋,陈宣华,等.2014.深部探测揭示中国地壳结构、深部过程与成矿作用背景.地学前缘,21(3):201-225.

杜子图,毛晓长.2017.区域地质调查标准体系研究.地质通报,36(10):1823-1829.

杜子图,翟刚毅,程光华.2014.中国基础地质调查发展战略研究.北京:地质出版社.

方洪宾,赵福岳.2010.1∶250000遥感地质解译技术指南.北京:地质出版社.

方洪宾,赵福岳,和正民,等.2002.1∶25万遥感地质填图方法和技术.北京:地质出版社.

房立民.1991.变质岩区1∶5万区域地质填图方法指南.武汉:中国地质大学出版社.

冯大奎,张光业.1988.全新世黄河下游平原地貌和自然环境的演变.河南大学学报(自然科学版),1:27-33.

冯乾乾,邱楠生,常健,等.2018.房山岩体构造-热演化:来自(U-Th)/He年龄的约束.地球科学,43(6):1972-1982.

甘伏平,李金铭,黎华清,等.2006.跨孔电磁波透视法在岩溶探测中的应用.物探与化探,30(4):303-307.

高秉章,洪大卫,郑基俭,等.1991.花岗岩类区1∶5万区域地质填图方法指南.武汉:中国地质大学出版社.

高贤君,万幼川,郑顺义,等.2012.航空遥感影像阴影的自动检测与补偿.武汉大学学报(信息科学版),37(11):1299-1302.

高秀林,王强,李玉德,等.1986.从天津P8孔看中更新世末期以来海侵期、气候期对比问题.海洋地质与第四纪地质,6(1):53-64.

葛肖虹,任收麦,马立祥,等.2006.青藏高原多期次隆升的环境效应.地学前缘,13(6):118-130.

龚明权.2010.新生代太行山南段隆升过程研究.北京:中国地质科学院.

辜平阳,陈锐明,胡健民,等.2018.高山峡谷区1∶50000填图方法指南.北京:科学出版社.

郭正堂.2017.黄土高原见证季风和荒漠的由来.中国科学:地球科学,47(4):421-437.

虢建宏,田庆久,吴昀昭.2006.遥感影像多波段检测与去除理论模型研究.遥感学报,10(2):151-159.

郝立波，陆继龙，李龙，等. 2007. 区域化探数据在浅覆盖区地质填图中的应用方法研究. 中国地质，34（4）：710-715.

何国金，胡德永，陈志军，等. 1995. 从 TM 图像中直接提取金矿化信息. 遥感技术与应用，10（3）：51-54.

侯贵廷，钱祥麟，蔡东升. 2001. 渤海湾盆地中、新生代构造演化研究. 北京大学学报（自然科学版），37（6）：845-851.

侯增谦. 2018. 立足地球系统科学，支撑自然资源统一管理和系统修复. 中国自然资源报，5：6-12.

胡道功，刘凤山，吴珍汉，等. 2013. 欧美地质填图方法：经验、试点与建议——以东昆仑造山带地质填图试验为例. 北京：地质出版社.

胡健民. 2016. 特殊地区地质填图工程概况. 地质力学学报，22（4）：803-808.

胡健民，陈虹，梁霞，等. 2017. 特殊地区地质填图技术方法及应用成果. 地质力学学报，23（2）：181.

胡健民，陈虹，邱士东，等. 2021. 覆盖区区域地质调查（1：50000）思路、原则与方法. 地球科学，45（12）：4291-4312.

黄汲清. 1945. 中国主要地质构造单位. 北京：经济部中央地质调查所.

贾国相，赵友方，姚锦其，等. 2005. 氢气勘查地球化学技术的研究与应用——氢气地球化学特性、方法原理、异常模式. 矿产与地质，19（1）：60-65.

贾龙，雷明堂，程小杰. 2022. 基于井中超声波成像的岩溶特征高精度探测和评价. 地质通报，41（2-3）：453-460.

姜作勤. 2008. 国内外区域地质调查全过程信息化的现状与特点. 地质通报，27（7）：956-964.

蒋复初，薛滨. 1999. 中原邙山黄土及构造与气候耦合作用. 海洋地质与第四纪地质，19（1）：45-51.

金剑，田淑芳，焦润成，等. 2010. 基于地物光谱分析的 WorldView-2 数据岩性识别：以新疆乌鲁克萨依地区为例. 现代地质，27（2）：489-496.

金之钧. 2005. 中国海相碳酸盐岩层系油气勘探特殊性问题. 地学前缘，3：15-22.

荆林海，沈远超. 2001. 胶莱盆地北缘遥感信息提取及解译分析. 地质与勘探，37（1）：91-94.

康玉柱. 2008. 中国古生代碳酸盐岩古岩溶储集特征与油气分布. 天然气工业，28(6)：1-12.

赖月荣，韩磊，杨树生. 2014. 高精度磁测在阿勒泰冰碛物覆盖地质填图中的应用. 物探与化探，38（6）：1181-1185.

雷明堂，项式均. 1997. 近 20 年来中国岩溶塌陷研究回顾. 中国地质灾害与防治学报，8(S1)：9-13.

李朝柱，傅建利，王书兵，等. 2020. 黄土覆盖区 1：50000 填图方法指南. 北京：科学出版社.

李大通. 1985. 1：400 万中国可溶岩类型图. 北京：地质出版社.

李华，王良书，李成，等. 2008. 大别造山带西段宽频带数字地震台阵观测与地壳上地幔结构. 中国科学 D 辑：地球科学，38（7）：862-871.

李吉均，方小敏，潘保田，等. 2001. 新生代晚期青藏高原强烈隆起及其对周边环境的影响. 第四纪研究，21（5）：381-391.

李金发. 2019. 聚焦需求，夯实基础，全面推进区域地质调查工作改革发展——在第三次全国区域地质调查工作会议上的报告. 自然资源部中国地质调查局情况通报，29：1-21.

李理，钟大赉 . 2006. 泰山新生代抬升的裂变径迹证据 . 岩石学报，22（2）：457-464.

李录娟，贾龙，殷仁朝 . 2021. 基于孔中雷达反射成像特征的岩溶定量化评价 . 中国岩溶，40（5）：901-906.

李荣社，计文化，辜平阳，等 . 2016. 造山带（蛇绿）构造混杂岩带填图方法 . 武汉：中国地质大学出版社 .

李庶波，王岳军，张玉芝，等 . 2015. 南太行山中新生代隆升过程：磷灰石裂变径迹证据 . 大地构造与成矿学，39（3）：460-469.

李向前，赵增玉，程瑜，等 . 2016. 平原区多层次地质填图方法及成果应用——以江苏港口、泰县、张甸公社、泰兴县、生祠堂镇幅平原区 1∶50000 填图试点为例 . 地质力学学报，22（4）：822-836.

李向前，赵增玉，邱士东，等 . 2018. 长三角平原区 1∶50000 填图方法指南 . 北京：科学出版社 .

李永军，梁积伟，杨高学，等 . 2013. 区域地质调查导论 . 北京：地质出版社 .

李永庆，欧阳贵，江涛 . 1990. 第四系覆盖层及水体下遥感影像隐伏地质构造信息的提取 . 遥感学报，5（4）：268-275.

李越，季建清，涂继耀，等 . 2009. 燕山东部柳江地区构造属性新解与郯庐断裂系活动 . 岩石学报，25（3）：675-681.

李振宏，陈虹，施炜，等 . 2020. 活动构造发育区 1∶50000 填图方法指南 . 北京：科学出版社 .

梁俊，薛重生，张旺生，等 . 2007. 基于数学形态学的第四系地层遥感影像分割 . 测绘科学，32（5）：152- 153.

梁树能，魏红艳，甘甫平，等 . 2015. "高分二号"卫星数据在遥感地质调查中的初步应用评价 . 航天返回与遥感，36（4）：63-72.

廖崇高，杨武年，濮国梁，等 . 2003. 不同融合方法在区域地质调查中的应用 . 成都理工大学学报（自然科学版），30（3）：294-298.

林景星 . 1977. 华北平原第四纪海进海退现象的初步认识 . 地质学报，51（2）：109-116.

林品荣 . 2006. 电磁法综合探测系统研究 . 地质学报，80（10）：1539-1548.

刘成禹，何满潮 . 2011. 对岩石风化程度敏感的化学风化指数研究 . 地球与环境，39（3）：349-354.

刘春国，谭文刚 . 2016. 基于 Landsat7 ETM+ 图像提取蛤蟆沟林场浅覆盖区蚀变遥感异常 . 河南理工大学学报（自然科学版），35（1）：59-64.

刘春林 . 2017. 云南石林喀斯特全球对比及保护开发建议 . 浙江农业科学，58（3）：403-406.

刘道飞，陈圣波，陈磊，等 . 2015. 以 SiO_2 含量为辅助因子的 ASTER 热红外遥感硅化信息提取 . 地球科学，40（8）：1396-1402.

刘德鹏，丁峰，汤正江 . 2004. 区域化探在森林沼泽区地质填图应用初探 . 物探与化探，28（4）：209-217.

刘凤山，庄育勋 . 2001. 1999—2000 年度全国区域地质调查总结 . 中国区域地质，20（3）：225- 228.

刘国纬 . 2011. 黄河下游治理的地学基础 . 中国科学 D 辑：地球科学，41（10）：1511-1523.

刘华忠，杨帆，张学君，等 . 2013. 汞气测量在陕西韩城春秋古墓中的应用 . 物探与化探，37（4）：670-674.

刘菁华，王祝文 . 2005. 地面综合物探方法在浅覆盖区地质填图单元的划分研究 . 中国地质，32（1）：

162-167.

刘磊，张兵，周军，等.2008.云南思姑锡矿区地质、化探、遥感多元信息综合找矿.地质与勘探，44（5）：
　　23-33.

刘庆生，燕守勋，马超飞，等.1999.内蒙哈达门沟金矿区山前钾化带遥感信息提取.遥感技术与应用，
　　14（3）：7-11.

刘士毅.2016.物探技术的第三根支柱.北京：地质出版社.

刘书丹，李广坤，李玉信，等.1988.从河南东部平原第四纪沉积物特征探讨黄河的形成与演变.河南地质，
　　6（2）：20-24.

刘永亮，吕勇，甘伏平，等.2022.深岩溶区浅部结构 CSAMT 探测解译方法探索——以桂林兴安县谢必
　　湾村—上界富坪村段为例.地质通报，41（2-3）：446-452.

罗书文，杨桃，邓亚东，吕勇，等.2022.桂林岩溶地貌发育演化过程地文期的解析研究.地质通报：1-16.

罗一英，高光明，于信芳，等.2013.基于 ETM+ 的几内亚铝土矿蚀变信息提取方法研究.遥感技术与应
　　用，28（2）：330-337.

马建文.1997.利用 TM 数据快速提取含矿蚀变带方法研究.遥感学报，1（3）：208-213.

马金清，李进堂，冯宗帜.2000.火山构造组合研究和地质填图方法——以福建闽清测区 1∶5 万区域地
　　质调查为例.中国区域地质，19（2）：198-204.

马熹肇.2012.资源一号"02C"卫星数据在轨测试分析.长春：吉林大学.

马寅生，崔盛芹，吴淦国，等.2000.辽西医巫闾山的隆升历史.地球学报，21（3）：245-253.

马寅生，赵逊，赵希涛，等.2007.太行山南缘新生代的隆升与断陷过程.地球学报，28（3）：219-233.

毛晓长.2006.青藏高原空白区 1∶25 万区域地质调查成果报告会暨"十一五"工作重点研讨会在成都召开.
　　中国地质，1：222.

梅冥相，李仲远.2004.滇黔桂地区晚古生代至三叠纪层序地层序列及沉积盆地演化.现代地质，18（4）：
　　555-562.

孟鹏燕，孙杰，于长春，等.2016.基于多源遥感数据的高山峡谷区岩性信息提取研究——以新疆乌什县
　　北山 1∶50000 填图试点为例.地质力学学报，22（4）：907-920.

潘保田，王均平，高红山，等.2005.河南扣马黄河最高级阶地古地磁年代及其对黄河贯通时代的指示.
　　科学通报，50（3）：255-261.

潘桂棠，丁俊，王立全，等.2002.青藏高原区域地质调查重要新进展.地质通报，21（11）：787-793.

潘明，郝彦珍，吕勇，等.2019.奥维地图遥感影像在威信地区 1∶5 万地质填图中的应用.中国岩溶，38(5)：
　　774-784.

裴建国，梁茂珍，陈阵.2008.西南岩溶石山地区岩溶地下水系统划分及其主要特征值统计.中国岩溶，
　　27（1）：6-10.

秦蕴珊，赵一阳，陈丽蓉，等.1989.黄海地质.北京：海洋出版社.

覃厚仁，朱德浩.1984.中国南方热带 - 亚热带岩溶地貌分类方案.中国岩溶，2：67-73.

邱学雷.2013.高分一号卫星工程首批影像图发布将为国土、环境、农业等领域提供精准服务.国防科技
　　工业，（6）：14-16.

任纪舜，牛宝贵，刘志刚.1999.软碰撞叠覆造山和多旋回缝合作用.地学前缘，6（3）：85-93.

任梦依，陈建平.2013.ASTER 与 WorldView-2 结合提取岩性信息流程：以西藏物玛地区为例.地质学刊，37（4）：585-592.

山克强，潘明，林宇.2016.无人机航空遥感地质解译在岩石地层单元识别中的应用——以 1 ：50000 西南岩溶区填图试点为例.地质力学学报，22（4）：933-942.

时丕龙，付碧宏，二宫芳树.2010.基于 ASTER VNIR-SWIR 多光谱遥感数据识别与提取干旱地区岩性信息——以西南天山柯坪隆起东部为例.地质科学，45（1）：333-347.

时艳香，郝立波，陆继龙，等.2008.因子分类法在黑龙江塔河地区地质填图中的应用.吉林大学学报（地球科学版），38（5）：888- 903.

史长义，任院生.2005.区域化探资料研究基础地质问题.地质与勘探，41（3）：53-58.

孙华，林辉，熊育久，等.2006.Spot5 影像统计分析及最佳组合波段选择.遥感信息应用技术，57（4）：57-60.

孙凯.2018.巴里坤盆地地质填图中地球物理信息综合应用研究.武汉：中国地质大学（武汉）.

孙卫东，陈建明，王润生，等.2010.阿尔金地区高光谱遥感矿物填图方法及应用研究.新疆地质，28（2）：214-217.

孙运生.1983.视磁化率的计算及其应用.长春地质学院学报，4：105-117.

孙镇诚，杨藩，李东明，等.1997.中国新生代咸化湖泊沉积环境与油气生成.北京：石油工业出版社.

汤井田.2005.可控源音频大地电磁法及其应用.长沙：中南大学出版社.

唐智博，李理，时秀朋，等.2011.鲁西隆起蒙山晚白垩世－新生代抬升的裂变径迹证据.中山大学学报：自然科学版，50（2）：127-133.

滕龙，倪四道，李志伟.2014.重力测定盆地沉积层厚度的方法及其进展.地球物理学进展，29（5）：2077-2083.

田世攀，王东明，张昱，等.2020.森林沼泽浅覆盖区 1 ：50000 填图方法指南.北京：科学出版社.

田淑芳，詹骞.2013.遥感地质学.北京：地质出版社.

汪品先，闵秋宝，卞云华，等.1981.我国东部第四纪海侵地层的初步研究.地质学报，55（1）：1-13.

汪品先，田军，黄恩清，等.2018.地球系统与演变.北京：科学出版社.

王国灿，陈超，胡健民，等.2018.戈壁荒漠覆盖区 1 ：50000 填图方法指南.北京：科学出版社.

王会锋，叶柱才.2007.1 ：20 万区域地球化学资料在基础地质研究中的应用.物探与化探，31（5）：473-476.

王靖泰，汪品先.1980.中国东部晚更新世以来海面升降与气候变化的关系.地理学报，47（5）：299-312.

王南萍，肖磊.2012.土壤氡测量国际比对及几个重要问题.现代地质，26(6): 1294-1299.

王强.1982.渤海湾西岸海相与海陆过渡相介形类动物群与古地理.海洋地质研究，2（2）：36-46.

王强，李凤林.1983.渤海湾西岸第四纪海陆变迁.海洋地质与第四纪地质，3（4）：83-89.

王强，李凤林，李玉德，等.1986.对渤海西、南岸平原第四纪海侵命名的讨论.海洋学报，8（1）：72- 82.

王强, 刘立军, 王卫东, 等. 2004. 环渤海地区及华北平原第四纪古环境变迁机制. 地质调查与研究, 27（3）: 129-138.

王强, 张玉发, 袁桂邦, 等. 2008. MIS3 阶段以来河北黄骅北部地区海侵与气候期对比. 第四纪研究, 28（1）: 79-95.

王润生, 甘甫平, 闫柏琨, 等. 2010. 高光谱矿物填图技术与应用研究. 国土资源遥感, 1: 1-13.

王苏民, 吴锡浩, 张振克, 等. 2001. 三门古湖沉积记录的环境变迁与黄河贯通东流研究. 中国科学 D 辑: 地球科学, 9: 760-768.

王卫平, 方迎尧, 吴成平, 等. 2009. 直升机航空电磁法在岩性构造填图中的应用效果. 工程地球物理学报, 6（4）: 411-417.

王训练. 1999. 露头层序地层学研究的几个基本理论问题. 中国科学 D 辑: 地球科学, 29（1）: 22-30.

王振兰, 王金铎, 季建清, 等. 2008. 鲁西隆起与济阳坳陷箕状断陷形成时代研究. 石油学报, 29（2）: 206-212.

韦跃龙. 2009. 西乐业国家地质公园地质遗迹成景机制及旅游开发模式研究. 成都: 成都理工大学.

韦跃龙. 2021. 广西岩溶景观特征及其形成演化分析. 南宁: 广西科学技术出版社.

韦跃龙, 陈伟海, 黄保建. 2010. 广西乐业国家地质公园地质遗迹成景机制及模式. 地理学报, 65（5）: 580-594.

韦跃龙, 李成展, 潘天望. 2018. 广西岩溶景观特征及其形成演化分析. 广西科学, （5）: 465-504.

魏家庸, 卢重明, 徐怀艾, 等. 1991. 沉积岩区 1∶5 万区域地质填图方法指南. 武汉: 中国地质大学出版社.

魏子新, 闫学新, 翟刚毅. 2010. 上海城市地质. 北京: 地质出版社.

文雄飞, 陈蓓青, 申邵洪, 等. 2012. 资源一号 02C 卫星 P/MS 传感器数据质量评价及其在水利行业中的应用潜力分析. 长江科学院院报, 29（10）: 118-121.

翁金桃. 1987. 桂林岩溶与碳酸盐岩. 重庆: 重庆出版社.

翁仕明, 汤正江, 张雷. 2006. 用多元素背景值法进行地质单元划分. 物探与化探, 30（1）: 38-40.

吴标云, 李从先. 1987. 长江三角洲第四纪地质. 北京: 海洋出版社.

吴忱, 张秀清, 马永红. 1999. 太行山、燕山主要隆起于第四纪. 华北地震科学, 17（3）: 1-7.

吴成平, 王卫平, 胡祥云, 等. 2009. 频率域直升机航空电磁法视电阻率转换及应用. 物探与化探, 33（4）: 427-430, 435.

吴成平, 王卫平, 肖刚毅, 等. 2014. 内蒙古中部地区岩矿石磁化率特征. 物探与化探, 38（3）: 490-496.

吴成平, 于长春, 杨雪, 等. 2016. 内蒙古 1∶5 万呼勒斯太苏木（K48E017024）、塔尔湖镇（K48E018024）、复兴城（K48E019024）、吉尔嘎朗图乡幅（K48E020024）填图试点（航遥中心部分）成果报告. 北京: 中国国土资源航空物探遥感中心.

吴成平, 于长春, 周明磊, 等. 2022. 航空重磁在山东齐河厚覆盖区圈定隐伏岩体的方法及效果. 地质通报, 41（3）: 398-406.

吴俊, 卜建军, 谢国刚, 等. 2016. 区域化探数据在华南强烈风化区地质填图中的应用. 地质力学学报, 22（4）: 955-966.

吴锡浩，王苏民 . 1998. 关于黄河贯通三门峡东流入海问题 . 第四纪研究，2：186.

吴珍汉，崔盛芹 . 2000. 燕山山脉隆升过程的热年代学分析 . 地质论评，46（1）：49-57.

吴珍汉，崔盛芹，朱大岗，等 . 1999. 燕山南缘盘山岩体的热历史与构造 - 地貌演化过程 . 地质力学学报，5（3）：28-32.

吴中海，吴珍汉 . 2003. 燕山及邻区晚白垩世以来山脉隆升历史的低温热年代学证据 . 地质学报，77（3）：399-406.

伍剑波，张慧，苏鹤军 . 2014. 断层气氡在不同类型覆盖层中迁移规律的数值模拟 . 地震学报，36（1）：118-128.

熊康宁 . 1994. 关于锥状喀斯特与塔状喀斯特的水动力成因过程——以黔中地区为例 . 中国岩溶，13（3）：237-246.

熊盛青 . 2009. 我国航空物探现状与展望 . 中国地质，9（1）：18-22.

徐杰，高战武，孙建宝，等 . 2001. 区域伸展体制下盆 - 山构造耦合关系的探讨——以渤海湾盆地和太行山为例 . 地质学报，75（2）：165-174.

徐近之 . 1951. 淮北平原与淮河中游的地文 . 地理学报，20（2）：203-233.

徐强 . 2002. 我国区域地质调查数字采集系统研究取得重大进展 . 地质论评，2：146-167.

薛铎 . 1996. 黄河东段形成时代管见 . 河南地质，14（2）：110-112.

闫柏琨，刘圣伟，王润生，等 . 2006. 热红外遥感定量反演地表岩石的 SiO_2 含量 . 地质通报，5：639-643.

严成文，张献河，李宏卫 . 2014. 粤西罗定内瀚岩体 LA-ICP-MS 锆石 U-Pb 年龄及其地质意义 . 矿物学报，34（4）：481-486.

杨长保，朱群，姜琦刚，等 . 2009. ASTER 热红外遥感地表岩石的二氧化硅含量定量反演 . 地质与勘探，45（6）：692-696.

杨吉龙，胥勤勉，胡云壮，等 . 2018. 渤海湾西岸钻孔记录的沉积演化过程和沉积物风化强度、物源重建 . 地球科学，43（S1）：287-300.

杨继超 . 2014. 南黄海盆地中部第四纪地震层序与地层学 . 青岛：中国海洋大学 .

杨建民，张玉君，姚佛军，等 . 2006. 在荒漠戈壁浅覆盖区进行多光谱蚀变遥感异常提取的思考 // 第八届全国矿床会议论文集 . 北京：地质出版社：784-786.

杨敏，李健强，高婷，等 . 2012. WorldView-2 数据在地质调查中的应用 . 现代矿业，6：35-37.

杨少平 . 2010. 壤中气氡汞联测在监测汶川余震中的作用 . 物探与化探，34(6): 778-786.

杨守业，蔡进功，李从先，等 . 2001. 黄河贯通时间的新探索 . 海洋地质与第四纪地质，21（2）：15-20.

杨子赓，李幼军，丁秋玲，等 . 1978. 试论河北平原东部第四纪地质几个基本问题 . 石家庄经济学院学报，3：1-23.

姚檀栋，刘勇勤，陈发虎，等 . 2018. 地球系统科学发展与展望 // 中国科学院 . 2018 科学发展报告 . 北京：科学出版社：32-52.

叶青超 . 1989. 华北平原地貌体系与环境演化趋势 . 地理研究，8（3）：10-20.

尹冰川 . 1997. 综合气体地球化学测量 . 物探与化探，21（4）：241-246.

尹艳广，施炜，公王斌，等 . 2017. 地质雷达探测技术在浅覆盖活动构造区填图中的应用——以宁夏青铜峡地区 1 ∶ 5 万新构造与活动构造区填图为例 . 地质力学学报, 23（2）∶ 214-223.

于长春, 吴成平, 杨雪 . 2016. 特殊地质地貌区航空物探填图试验 . 中国地质调查成果快讯, 1（23）∶ 4-5.

于长春, 张迪硕, 等 . 2018. 航空物探与遥感技术方法在特殊地质地貌区填图中的应用 . 北京∶ 中国自然资源航空物探遥感中心 .

于长春, 孙杰, 张迪硕, 等 . 2022. 基于多源遥感与航空物探数据的岩性分类方法 . 地质通报, 41（3）∶ 211-217.

余海阔, 李培军 . 2010. 运用 LANDSAT ETM+ 和 ASTER 数据进行岩性分类 . 岩石学报, 1∶ 7.

郁军建, 王国灿, 徐义贤, 等 . 2015. 复杂造山带地区三维地质填图中深部地质结构的约束方法∶ 西准噶尔克拉玛依后山地区三维地质填图实践 . 地球科学, 40（3）∶ 407-418, 424.

喻劲松, 荆磊, 王乔林, 等 . 2016. 特殊地质地貌区填图物化探技术应用 . 地质力学学报, 22（4）∶ 893-906.

袁道先 . 1988. 岩溶学辞典 . 北京∶ 地质出版社 .

袁道先, 刘再华, 林玉石, 等 . 2002. 中国岩溶动力系统 . 北京∶ 地质出版社 .

袁路朋, 王永, 姚培毅, 等 . 2019. 河北雄县全新世中期海侵地层的发现 . 地质通报, 38（6）∶ 911-915.

翟鹏济, 张峰, 赵云龙 . 2003. 从裂变径迹分析探讨房山岩体地质热历史 . 地球化学, 32（2）∶ 188-192.

张斌, 张志, 帅爽, 等 . 2015. 利用 Landsat-8 和 WorldView-2 数据进行协同岩性分类 . 地质科技情报, 34（3）∶ 208-213.

张策, 彭莉红, 汪冰, 等 . 2015. WorldView-2 影像在新疆迪木那里克地区火山沉积变质型铁矿勘查中的应用 . 矿产勘查, 6（5）∶ 523-528.

张翠芬 . 2014. 多源遥感数据协同岩性分类方法研究——以新疆乌恰与英吉沙地区为例 . 北京∶ 中国地质大学（北京）.

张迪硕, 于长春, 吴成平, 等 . 2022. 航空瞬变电磁法在内蒙古巴林左旗地区圈定含水地层中的应用 . 地质通报, 41（3）∶ 437-445.

张广宇, 付俊彧, 欧阳兆灼, 等 . 2020. 大数据时代基于 DGSS 系统下空间数据库建立的重要性 . 地球科学, 45（9）∶ 3451-3460.

张辉, 李桐林, 董瑞霞 . 2006. 基于电偶源的体积分方程法三维电磁反演 . 吉林大学学报（地球科学版）, 36∶ 284-288.

张慧, 张新基, 苏鹤军, 等 . 2010. 兰州市活动断层土壤气汞、氡地球化学特征场地试验 . 西北地震学报, 32(3): 273-278.

张家声, 徐杰 . 2002. 太行山山前中 - 新生代伸展拆离构造和年代学 . 地质通报, 21（4）∶ 207-210.

张克信, 李超岭, 于庆文, 等 . 2007. 数字地质填图技术中的数字剖面系统 . 地层学杂志, 31（2）∶ 157-164.

张克信, 王国灿, 骆满生, 等 . 2010. 青藏高原新生代构造岩相古地理演化及其对构造隆升的响应 . 地球科学, 35（5）∶ 697-712.

张克信, 王国灿, 洪汉烈, 等 . 2013. 青藏高原新生代隆升研究现状 . 地质通报, 32（1）∶ 1-18.

张磊, 刘嘉麒, 秦小光 . 2018. 第四纪黄河入淮成因机制与环境效应的研究现状及存在问题 . 第四纪研究,

38（2）：441-453.

张蕾，张绪教，武法东，等.2013.太行山南缘晚更新世以来河流阶地的发育及其新构造运动意义.现代
　　地质，27（4）：791-798.

张美良，朱晓燕，吴夏，等.2017.桂林洞穴环境及石笋古气候记录.北京：地质出版社.

张蒙，李鹏霄.2014.太行山南段主要隆升时期探讨.国土与自然资源研究，4：55-57.

张培震，邓起东，张竹琪，等.2013.中国大陆的活动断裂、地震灾害及其动力过程.中国科学：地球科学，
　　43（10）：1607-1620.

张培震，张会平，郑文俊，等.2014.东亚大陆新生代构造演化.地震地质，36（3）：574.

张庆洲，王振民，李泊洋.2011.航磁数据在大兴安岭激流河地区地质填图中的应用.化工矿产地质，
　　33（3）：177-180.

张艳，孙杰，于长春，等.2019.基于多源遥感数据的第四系覆盖物分类方法研究：以内蒙古旗杆甸子幅
　　1：5万填图试点为例.地质科技情报，38（2）：281-290.

张壹，张双喜，梁青，等.2015.重磁边界识别方法在西准噶尔地区三维地质填图中的应用.地球科学，
　　40（3）：431-440.

张英骏，杨明德.1983.关于岩溶地貌类型划分与制图的某些问题（以编制中国1：100万地貌图为例）.
　　贵州师范大学学报（自然科学版），（1）：3-8.

张玉君，杨建民，陈薇.2002.ETM（TM）蚀变遥感异常提取方法研究与应用——地质依据和波谱前提.
　　国土资源遥感，14（4）：30-37.

张媛，张杰林，赵学胜，等.2015.基于峰值权重的岩心高光谱矿化蚀变信息提取.国土资源遥感，27（2）：
　　154-159.

张远飞，吴德文，袁继明，等.2001.遥感蚀变信息多层次分离技术模型与应用研究.国土资源遥感，23（4）：
　　6-13.

张运强，专少鹏，魏文通，等.2020.京津冀山前洪积平原区1：50000填图方法指南.北京：科学出版社.

张哲，张军龙.2020.第四纪太行山南段隆升问题的探讨.干旱区资源与环境，34（10）：87-92.

章程.2011.不同土地利用下的岩溶作用强度及其碳汇效应.科学通报，56（26）：2174-2180.

赵松龄，杨光复，苍树溪，等.1978.关于渤海湾西岸海相地层与海岸线问题.海洋与湖沼，9（1）：15-
　　25.

赵元洪，张福祥.1991.波段比值的主成分复合在热液蚀变信息提取中的应用.国土资源遥感，3（3）：
　　25-31.

郑广如，乔春贵，刘英会.2003.高精度航磁资料圈定隐伏岩体的效果.物探与化探，27（1）：18-22.

郑洪波，魏晓椿，王平，等.2017.长江的前世今生.中国科学：地球科学，47（4）：385-393.

郑文俊，张培震，袁道阳，等.2019.中国大陆活动构造基本特征及其对区域动力过程的控制.地质力学
　　学报，25（5）：699-721.

中国科学院海洋研究所海洋地质研究室.1986.渤海地质.北京：科学出版社.

周军，陈明勇，高鹏，等.2005.新疆东准噶尔蚀变矿物填图及多元信息找矿.国土资源遥感，（4）：
　　51-55.

周世英，朱德浩，劳文科 . 1988. 桂林岩溶峰丛区溶蚀速度计算及探讨 . 中国岩溶，7（1）：73-80.

周祖翼，许长海，杨凤丽 . 2003. 大别山天堂寨地区晚白垩世以来剥露历史的（U-Th）/He 和裂变径迹分析证据 . 科学通报，48（6）：598-602.

朱学稳，Tony W H. 2006. 天坑释义 . 中国岩溶，25（增刊）：35-42.

朱学稳，汪训一，宋德浩，等 . 1988. 桂林岩溶地貌与洞穴研究 . 北京：地质出版社 .

Al-Zoubi A S, Heinrich T, Qabbani I, et al. 2007. The northern end of the Dead Sea basin: geometry from reflection seismic evidence.Tectonophysics, 434：55-69.

An Z S, Kutzbach J E, Prell W L, et al. 2001. Evolution of Asian monsoons and phased uplift of the Himalaya-Tibetan plateau since Late Miocene times. Nature，411（6833）：62-66.

Bamdrick J，左海燕 . 1983. 视磁化率（SUSC）填图的理论与实践 . 地质与勘探，8：42-43.

Blenkinsop T G. 2012. Visualizing structural geology：from excel to Google Earth. Computers & Geosciences, 45：52-56.

Cao X, Li S, Xu L, et al. 2015. Mesozoic-Cenozoic evolution and mechanism of tectonic geomorphology in the central North China Block：constraint from apatite fission track thermochronology. Journal of Asian Earth Sciences, 114：41-53.

Chavez P S, Berlin G L, Sowers L B. 1982. Statistical method for selecting landsat MSS ratios. Journal of Applied Photographic Engineering，1（8）：23-30.

Chen J, Wang Z H, Wei T Y, et al. 2014. Clay minerals in the Pliocene-Quaternary sediments of the southern Yangtze coast, China：sediment sources and palaeoclimate implications. Journal of Palaeogeography, 3（3）：297-308.

Dale F R, Noonan G E, Greenwood W J, et al. 2011. Electrical resistivity in support of geological mapping along the Panama Canal. Engineering Geology, 117：121-133.

Dong S W, Gao R, Yin A, et al. 2013. What drove continued continent-continent convergence after ocean closure? Insights from high-resolution seismic-reflection profiling across the Daba Shan in central China. Geology, 41（6）：671-674.

Etemadnia H, Alsharif M R. 2003. Automatic image shadow identification using LPF in homomorphic processing system. Proceedings of the Seventh International Conference on Digital Image Computing: Techniques and Applications，Macquarie University.

Ferraccioli F. 2002. A high-resolution aeromagnetic field test in Friuli: towards developing remote location of buried ferro-metallic bodies. Annals of Geophysics, 45:219-232.

Foss C. 2002. The resolution in geological mapping that can be expected from airborne gravity gradiometry. SEG Technical Program Expanded Abstracts 2002，21（1）：743-746.

Ge X, Shen C, Yang Z, et al. 2013. Low-temperature thermochronology constraints on the Mesozoic-Cenozoic exhumation of the Huangling massif in the middle Yangtze Block，central China. Journal of Earth Science, 24（4）：541-552.

Grimmer J C, Jonckheere R, Enkelmann E, et al. 2002. Cretaceous Cenozoic history of the southern Tan-

Lu fault zone: apatite fission-track and structural constraints from the Dabie Shan (eastern China). Tectonophysics, 359 (3-4): 225-253.

Guo Z T, Sun B, Zhang Z S, et al. 2008. A major reorganization of Asian climate regime by the Early Miocene. Climate of the Past Discussions, 4 (3): 535-584.

Hamilton V E, Wyatt M B, McSween H Y, et al. 2001. Analysis of terrestrial and martian volcanic compositions using thermal emission spectroscopy: 2. Application to martian surface spectra from the Mars Global Surveyor Thermal Emission Spectrometer. Journal of Geophysical Research, 106: 14733-14746.

Hill R. 1952. The elastic behaviour of a crystalline aggregate. Proceedings of the Physical Society, 65 (5): 349-354.

Hong H L, Gu Y S, Li R B, et al. 2010. Clay mineralogy and geochemistry and their palaeoclimatic interpretation of the Pleistocene deposits in the Xuancheng section, southern China. Journal of Quaternary Science, 25 (5): 662-674.

Hu S, Raza A, Min K, et al. 2006. Late Mesozoic and Cenozoic thermotectonic evolution along a transect from the north China craton through the Qinling orogen into the Yangtze craton, central China. Tectonics, 25 (6): TC6009.

Hu Z, Pan B, Bridgland D, et al. 2017. The linking of the upper-middle and lower reaches of the Yellow River as a result of fluvial entrenchment. Quaternary Science Reviews, 166: 324-338.

Ioannides K, Papachristodoulou C, Stamoulis K, et al. 2003. Soil gas radon: a tool for exploring active fault zones. Appl Radial Isot, 59 (2/3): 205-213.

Iskandar D, Iida T, Yamazawa H, et al. 2005. The transport mechanisms of ^{222}Rn in soil at Tateishi as an anomaly spot in Japan. Appl Radial Isot, 63 (2): 401-408.

Jiang F, Fu J, Wang S, et al. 2007. Formation of the Yellow River, inferred from loess-palaeosol sequence in Mangshan and lacustrine sediments in Sanmen Gorge, China. Quaternary International, 175 (1): 62-70.

Jones S E. 2015. Introducing Sedimentology. Edinburgh: Dunedin Academic Press Ltd.

Kong P, Jia J, Zheng Y. 2014. Time constraints for the Yellow River traversing the Sanmen Gorge. Geochemistry, Geophysics, Geosystems, 15 (2): 395-407.

Li Y, Tsukamoto S, Shang Z, et al. 2019. Constraining the transgression history in the Bohai Coast China since the middle Pleistocene by luminescence dating. Marine Geology, 416: 105980.

Liang H, Zhang K, Fu J, et al. 2015. Bedrock river incision response to basin connection along the Jinshan Gorge, Yellow River, North China. Journal of Asian Earth Sciences, 114: 203-211.

Lin A M, Rao G, Yan B. 2015. Flexural fold structures and active faults in the Northern-Western Weihe Graben, central China. Journal of Asian Earth Sciences, 114: 226-241.

Lisa M B, Bruce H R, Ruth E D, et al. 2011. Representing scientific data sets in KML: methods and challenges. Computers & Geosciences, 37: 57-64.

Liu J, Wang H, Wang F, et al. 2016. Sedimentary evolution during the last ~1.9 Ma near the western margin of the modern Bohai Sea. Palaeogeography, Palaeoclimatology, Palaeoecology, 451: 84-96.

Liu J, Zhang X, Mei X, et al. 2018. The sedimentary succession of the last ~3. 50 Myr in the western South Yellow Sea: paleoenvironmental and tectonic implications. Marine Geology, 399: 47-65.

Ludovic S, Heinz S, Daniel H. 2011. Radon and CO_2 as natural tracers to investigate the recharge dynamics of karst aquifers. Journal of Hydrology, 406 (3/4): 148-157.

Mainprice D, Humbert M. 1994. Methods of calculating petrophysical properties from lattice preferred orientation data. Surveys Geophys, 15 (5): 575-592.

Masumi U M, Imai N, Tachibana Y, et al. 2011. Geochemical mapping in Shikoku, southwest Japan. Applied Geochemistry, 26: 1549-1568.

Matthies S, Humbert M. 1993. The realization of the concept of a geometric mean for calculating physical constants of polycrystalline materials. Physica Status Solidi, 177 (2): K47-K50.

Mavko G, Mukerji T, Dvorkin J. 2020. The Rock Physics Handbook, Third Revised Edition. Cambridge: Cambridge University Press.

Oktay B. 2005. Measurements of radon emanation from soil samples in triple-junction of north and east Anatolian active faults systems in Turkey. Radiation Measurements, 39: 209-212.

Reuss A. 1929. Berechnung der fließgrenze von mischkristallen auf grund der plastizitätsbedingung für einkristalle. Zeitschrift für Angewandte Mathematik und Mechanik, 9 (1): 49-58.

Rokos D, Argialas D, Mavrantza R, et al. 2000. Structural analysis for gold mineralization using remote sensing and geochemical techniques in a GIS environment: Island of Lesvos, Hellas. Natural Resources Research, 9 (4): 277-293.

Rowan L C, Hook S, Abrams M J, et al. 2003. Mapping hydrothermally altered rocks at Cuprite, Nevada, using the advanced spaceborne thermal emission and reflection radiometer (ASTER): a new satellite-imaging system. Economic Geology, 98 (5): 1019-1027.

Shang Y, Prins M A, Beets C J, et al. 2018. Aeolian dust supply from the Yellow River floodplain to the Pleistocene loess deposits of the Mangshan Plateau, central China: evidence from zircon U-Pb age spectra. Quaternary Science Reviews, 182: 131-143.

Tapponnier P, Zhiqin X, Roger F, et al. 2001. Oblique stepwise rise and growth of the Tibet Plateau. Science, 294 (5547): 1671-1677.

Voigt W. 1907. Bestimmung der elastizitätskonstanten von eisenglanz. Annalen der Physik, 327 (1): 129-140.

Voltattorni N, Lombardi S. 2010. Soil gas geochemistry: significance and application in geological prospectings. Natural Gas, 9: 183-205.

Walia V, Yang T F, Hong W L, et al. 2009. Geochemical variation of soil-gas composition for trace and earthquake precursory studies along the Hsincheng fault in NW Taiwan. Applied Radiation Isotopes, 67 (10): 1855-1863.

Wang T M, Wu J G, Kou X J, et al. 2010. Ecologically asynchronous agricultural practice erodes sustainability of the Loess Plateau of China. Ecological Applications, 20 (4): 1126-1135.

Watson N D. 1997. A new era collaborative geological and geophysical mapping. Exploration Geophysics, 28: 156-160.

Wu L, Wang F, Yang J, et al. 2019. Meso-Cenozoic uplift of the Taihang Mountains, North China: evidence from zircon and apatite thermochronology. Geological Magazine, 157 (7): 1097-1111.

Xiao G, Sun Y, Yang J, et al. 2020. Early Pleistocene integration of the Yellow River Ⅰ: detrital-zircon evidence from the North China Plain. Palaeogeography, Palaeoclimatology, Palaeoecology, 546: 109691.

Yao Z, Shi X, Qiao S, et al. 2017. Persistent effects of the Yellow River on the Chinese marginal seas began at least ~ 880 ka ago. Scientific reports, 7 (1): 1-11.

Yeats R, Seih K, Allen C. 1997. The Geology of Earthquakes. Oxford: Oxford University Press.

Yi L, Deng C, Tian L, et al. 2016. Plio-Pleistocene evolution of Bohai Basin (East Asia): demise of Bohai Paleolake and transition to marine environment. Scientific Reports, 6: 29403.

Yi L, Deng C, Xu X, et al. 2015. Paleo-megalake termination in the Quaternary: Paleomagnetic and water-level evidence from south Bohai Sea, China. Sedimentary Geology, 319: 1-12.

Yi L, Ye X, Chen J, et al. 2014. Magnetostratigraphy and luminescence dating on a sedimentary sequence from northern East China Sea: constraints on evolutionary history of eastern marginal seas of China since the Early Pleistocene. Quaternary International, 349: 316-326.

Yin A. 2010. Cenozoic tectonic evolution of Asia: a preliminary synthesis. Tectonophysics, 488 (1-4): 293-325.

Yue W, Jin B, Zhao B. 2018. Transparent heavy minerals and magnetite geochemical composition of the Yangtze River sediments: implication for provenance evolution of the Yangtze Delta. Sedimentary Geology, 364: 42-52.

Zachos J, Pagani M, Sloan L, et al. 2001. Trends, rhythms, and aberrations in global climate 65 Ma to present. Science, 292 (5517): 686-693.

Zhang J, Wan S, Clift P D, et al. 2019. History of Yellow River and Yangtze River delivering sediment to the Yellow Sea since 3.5 Ma: tectonic or climate forcing?. Quaternary Science Reviews, 216: 74-88.

Zhao D, Wan S, Jiang S, et al. 2019. Quaternary sedimentary record in the northern Okinawa Trough indicates the tectonic control on depositional environment change. Palaeogeography, Palaeoclimatology, Palaeoecology, 516: 126-138.

Zhao L, Hong H, Fang Q, et al. 2017. Monsoonal climate evolution in southern China since 1.2 Ma: new constraints from Fe-oxide records in red earth sediments from the Shengli section, Chengdu Basin. Palaeogeography, Palaeoclimatology, Palaeoecology, 473: 1-15.

Zheng H, Huang X, Ji J, et al. 2007. Ultra-high rates of loess sedimentation at Zhengzhou since Stage 7: implication for the Yellow River erosion of the Sanmen Gorge. Geomorphology, 85 (3-4): 131-142.